建筑施工特种作业人员培训教材

附着式升降脚手架架子工

建筑施工特种作业人员培训教材编委会　组织编写

中国建筑工业出版社

图书在版编目（CIP）数据

附着式升降脚手架架子工/建筑施工特种作业人员培训教
材编委会组织编写. —北京：中国建筑工业出版社，2019.7（2022.8重印）
建筑施工特种作业人员培训教材
ISBN 978-7-112-23977-1

Ⅰ.①附… Ⅱ.①建… Ⅲ.①附着式脚手架-工程施工-技
术培训-教材 Ⅳ.①TU731.2

中国版本图书馆 CIP 数据核字（2019）第 141172 号

　　本书依据最新版的行业标准规范，全面讲述了附着式升降脚手架
架子工应掌握的知识，全书分为两部分：第一部分为公共基础知识部
分，主要包括职业道德、建筑施工特种作业人员和管理、建筑施工安
全生产相关法规及管理制度、建筑施工安全防护基本知识、施工现场
消防基本知识和施工现场应急救援基本知识；第二部分为专业基础知
识部分，主要包括附着式升降脚手架的发展过程及分类、架体构配件
性能和结构组成及升级原理、附着式升降脚手架操作安全技术要求和
附着式升降脚手架施工管理要求。

　　本书适合作为建筑施工现场特种作业人员、管理人员的培训教
材，也可供相关技术人员参考学习。

　　责任编辑：李　明　李　杰　赵云波
　　责任校对：李欣慰

建筑施工特种作业人员培训教材
附着式升降脚手架架子工
建筑施工特种作业人员培训教材编委会　组织编写
*
中国建筑工业出版社出版、发行（北京海淀三里河路9号）
各地新华书店、建筑书店经销
北京红光制版公司制版
北京建筑工业印刷厂印刷
*
开本：850×1168毫米　1/32　印张：4½　字数：123千字
2019年10月第一版　2022年8月第二次印刷
定价：**20.00**元
ISBN 978-7-112-23977-1
（34130）

建筑施工特种作业人员
培训教材编委会

主　任：高　峰

副主任：王宇旻　陈海昌

委　员：金　强　朱利闽　朱　青　刘钦燕　张丽娟

　　　　陈晓苏　马　记　曹　俊　杜景鸣　查继明

　　　　高海明　周保建　樊路军　李朝蓬　王尚龙

　　　　张鹏程　何红阳

本书编审委员会

主　　编：陈晓苏

副 主 编：李建生

(本系列教材公共基础知识编写成员：金　强　朱利闽

　朱　青　刘　辉)

审　　稿：花周建

前　　言

　　《中华人民共和国安全生产法》规定："生产经营单位的特种作业人员必须按照国家有关规定经专门的安全作业培训，取得相应资格，方可上岗作业"。建筑施工特种作业人员是指在房屋建筑和市政工程施工活动中，从事可能对本人、他人及周围设备设施的安全造成重大危害作业的人员。作为建设行业高危工种之一，其从业直接关系建筑施工质量安全，直接关系公民生命、财产安全和公共安全。

　　为进一步紧贴建筑施工特种作业人员职业素质和适岗能力的实际需要，编写委员会组织编写了《建筑电工》《建筑架子工》《附着式升降脚手架架子工》《建筑起重信号司索工》等 24 个工种的系列教材。该套教材既是相关工种培训考核的指导用书，又是一线建筑施工特种作业人员的实用工具书。

　　本套教材在编写过程中，得到了江苏省相关专家和部门的大力支持，在此一并表示感谢！因编者水平有限，难免会存在疏漏和不足之处，真诚希望广大同行和读者给予批评指正。

编者
二〇一九年五月

4

目　　录

第一部分　公共基础知识

第一章　职业道德

第一节　道德的含义和基本内容

1. 道德的含义

道德是一种社会意识形态，是人们共同生活及其行为的准则与规范。

意识形态除了道德以外，还包括政治、法律、艺术、宗教、哲学和其他社会科学等意识形态，是对事物的理解、认知，对事物的感观思想，是观念、观点、概念、思想、价值观等要素的总和。如：对生命的认识和观点；对金钱物质的看法等。

道德往往代表着社会的正面价值取向，起到判断行为正当与否的作用。道德是以善恶为标准，通过社会舆论、内心信念和传统习惯来评价人的行为，调整人与人之间以及个人与社会之间相互关系的行动规范的总和。

2. 道德与法纪的关系

遵守道德是指按照社会道德规范行事，不做损害他人的事。遵守法纪是指遵守纪律和法律，按照规定行事，不违背纪律和法律的规定条文。法纪与道德既有区别也有联系，它们是两种重要的社会调控手段。

（1）法纪属于社会制度范畴，而道德属于社会意识形态范畴。道德侧重于自我约束，是行为主体"应当"的选择，依靠人们的内心信念、传统习惯和社会舆论发挥其作用，不具有强制力；而法纪则侧重于国家或组织的强制手段，是国家或组织制定和颁布，用以调整、约束和规范人们行为的权威性规则。

（2）遵守法纪是遵守道德的最低要求。道德一般又可分为两类：第一类是社会有序化要求的道德，是维系社会稳定所必不可少的最低限度的道德，如不得暴力伤害他人、不得用欺诈手段谋取利益、不得危害公共安全等；第二类是那些有助于提高生活质量、增进人与人之间紧密关系的原则，如博爱、无私、乐于助人、不损人利己等。第一类道德有时也会上升为法纪，通过制裁、处分或奖励的方法得以推行。而第二类道德是对人性较高要求的道德，一般不宜转化为法纪，需要通过教育、宣传和引导等手段来推行。法纪是道德的演化产物，其内容是道德范畴中最基本的要求，因此遵纪守法是遵守道德的最低要求。

（3）遵守道德是遵守法纪的坚强后盾。首先，法纪应包含最低限度的道德，没有道德基础的法纪，是无法获得人们的尊重和自觉遵守的。其次，道德对法纪的实施有保障作用，"徒善不足以为政，徒法不足以自行"，执法者职业道德的提高，守法者的法律意识、道德观念的加强，都对法纪的实施起着推动的作用。再者，道德又对法纪有补充作用，有些不宜由法纪调整的，或本应由法纪调整但因立法的滞后而尚"无法可依"的，道德约束往往就起到了必要的补充作用。

3. 公民道德的基本内容

公民道德主要包括社会公德、职业道德、家庭美德及个人品德四个方面。

（1）社会公德。公德是指与国家、组织、集体、民族、社会等有关的道德，社会公德是社会道德体系的社会层面，是维护社会公共生活正常进行的最基本的道德要求，是全体公民在社会交往和公共生活中应该遵循的行为准则，涵盖了人与人、人与社会、人与自然之间的关系。以文明礼貌、助人为乐、爱护公物、保护环境、遵纪守法为主要内容的社会公德，旨在鼓励人们在社会上做一个好公民。

（2）职业道德。职业道德是人们在职业生活中应当遵循的基本道德，是职业品德、职业纪律、专业能力及职业责任等的总称，它通过公约、守则等对职业生活中的某些方面加以规范。职业道德涵盖了从业人员与服务对象、职业与职工、职业与职业之间的关系；它既是对从业人员在职业活动中的行为要求，又是本行业对社会所承担的道德责任和义务。以爱岗敬业、诚实守信、办事公道、服务群众、奉献社会为主要内容的职业道德，旨在鼓励人们在工作中做一个好的建设者。

（3）家庭美德。家庭美德是调节家庭成员之间、邻里之间以及家庭与国家、社会、集体之间的行为准则，也是评价人们在恋爱、婚姻、家庭、邻里之间交往中的行为是非、善恶的标准。以尊老爱幼、男女平等、夫妻和睦、勤俭持家、邻里团结为主要内容的家庭美德，旨在鼓励人们在家庭生活里做一个好成员。

（4）个人品德。个人品德是一定社会的道德原则和规范在个人思想和行为中的体现，是一个人在其道德行为整体中所表现出来的比较稳定的、一贯的道德特点和倾向。个人品德是每个公民个人修养的体现，现代人应树立关爱、善待和宽厚的理念，对他人、对社会、对自然有关爱之心、善待之举和宽厚情怀。个人品德的内容包括很多，比如正直善良、谦虚谨慎、团结友爱、言行一致等。

社会公德、职业道德、家庭美德、个人品德这四个方面是一个有机的统一体，其外延由大到小，内涵由浅到深，共同构成一个完善的道德体系。在"四德"建设中，人的能动性及个人品德建设是至关重要的，个人品德的修养是树立道德意识、规范言行举止、建设和谐家庭、模范地做好工作、维护社会和谐的基础。只有个人具备优良品德修养才能由己及人，才能由己及家庭、集体和社会。正确处理个人与社会、竞争与协作、经济效益与社会效益等关系，树立尊重人、理解人、关心人的理念，发扬社会主义人道主义精神，提倡为人民为社会多做好事、体现社会主义制度优越性、促进社会主义市场经济健康有序发展的良好道德风尚。

党的"十八大"对未来我国道德建设也做出了重要部署，强调依法治国和以德治国相结合，加强社会公德、职业道德、家庭美德、个人品德教育，弘扬中华传统美德，倡导时代新风，指出了道德修养的"四位一体"性。"十八大"报告中"推进公民道德建设工程，弘扬真善美、贬斥假恶丑，引导人们自觉履行法定义务、社会责任、家庭责任，营造劳动光荣、创造伟大的社会氛围，培育知荣辱、讲正气、作奉献、促和谐的良好风尚"，强调了社会氛围和社会风尚对公民道德品质的塑造；"深入开展道德领域突出问题专项教育和治理，加强政务诚信、商务诚信、社会诚信和司法公信建设"，突出了"诚信"这个道德建设的核心。

第二节　职业道德的基本特征和主要作用

1. 职业道德的概念

职业道德是指所有从业人员在职业活动中应该遵循的行为准则，是一定职业范围内的特殊道德要求，即整个社会对从业人员的职业观念、职业态度、职业技能、职业纪律和职业作风等方面的行为标准和要求。

职业道德是随着社会分工的发展，并出现相对固定的职业集团时产生的，人们的职业生活实践是职业道德产生的基础。特定的职业不但要求人们具备特定的知识和技能，而且要求人们具备特定的道德观念、情感和品质。各种职业集团，为了维护职业利益和信誉，适应社会的需要，从而在职业实践中，根据一般社会道德的基本要求，逐渐形成了职业道德规范。

职业道德是对从事这个职业所有人员的普遍要求，它不仅是所有从业人员在其职业活动中行为的具体表现，同时也是本职业对社会所负的道德责任与义务，是社会公德在职业生活中的具体化。每个从业人员，不论是从事哪种职业，在职业活动中都要遵守职业道德，如现代中国社会中教师要遵守教书育人、为人师表的职业道德，医生要遵守救死扶伤的职业道德，企业经营者要遵守诚实守信、公平竞争、合法经营的职业道德等。

具体来讲，职业道德的涵义主要包括以下八个方面：

（1）职业道德是一种职业规范，受社会普遍的认可。

（2）职业道德是长期以来自然形成的。

（3）职业道德没有确定的形式，通常体现为观念、习惯、信念等。

（4）职业道德依靠文化、内心信念和习惯，通过职工的自律来实现。

（5）职业道德大多没有实质的约束力和强制力。

（6）职业道德的主要内容是对职业人员义务的要求。

（7）职业道德标准多元化，代表了不同企业可能具有不同的价值观。

（8）职业道德承载着企业文化和凝聚力，影响深远。

2. 职业道德的基本特征

职业道德是从业人员在一定的职业活动中应遵循的、具有自身职业特征的道德要求和行为规范。职业道德具有以下几个特点：

（1）普遍性。从业者应当共同遵守基本职业道德行为规范，且在全世界的所有职业者都有着基本相同的职业道德规范。

（2）行业性。职业道德具有适用范围的有限性，每种职业都担负着一定的职业责任和职业义务，由于各种职业的职业责任和义务不同，从而形成各自特定的职业道德的具体规范。职业道德的内容与职业实践活动紧密相连，反映着特定职业活动对从业人员行为的道德要求。

（3）继承性。职业道德具有发展的历史继承性，由于职业具有不断发展和世代延续的特征，不仅其技术世代延续，其管理员工的方法、与服务对象打交道的方式，也有一定历史继承性。在长期实践过程中形成的职业道德内容，会被作为经验和传统继承下来，如"有教无类""学而不厌，诲人不倦"，从古至今都是教师的职业道德。

(4) 实践性。一个从业者的职业道德知识、情感、意志、信念、觉悟、良心等都必须通过职业的实践活动，在自己的行为中表现出来，并且接受行业职业道德的评价和自我评价。

(5) 多样性。职业道德表达形式多种多样，不同的行业和不同的职业，有不同的职业道德标准，且表现形式灵活。职业道德的表现形式总是从本职业的交流活动实际出发，采用诸如制度、守则、公约、承诺、誓言、条例等形式，以至标语口号之类来加以体现，既易于为从业人员所接受和实行，而且便于形成一种职业的道德习惯。

(6) 自律性。从业者通过对职业道德的学习和实践，逐渐培养成较为稳固的职业道德品质，良好的职业道德形成以后，又会在工作中逐渐形成行为上的条件反射，自觉地选择有利于社会、有利于集体的行为，这种自觉就是通过自我内心职业道德意识、觉悟、信念、意志、良心的主观约束控制来实现的。

(7) 他律性。道德行为具有受舆论影响的特征，在职业生涯中，从业人员随时都受到所从事职业领域的职业道德舆论的影响。实践证明，创造良好的职业道德社会氛围、职业环境，并通过职业道德舆论的宣传、监督，可以有效地促进人们自觉遵守职业道德，并实现互相监督，共同提升道德境界。

3. 职业道德的主要作用

在现代社会里，人人都是服务对象，人人又都为他人服务。社会对人的关心、社会的安宁和人们之间关系的和谐，是同各个岗位上的服务态度、服务质量密切相关的。在构建和谐社会的新形势下，大力加强社会主义职业道德建设，具有十分重要的作用。

(1) 加强职业道德是提高职业人员责任心的重要途径

职业道德要求把个人理想同各行各业、各个单位的发展目标结合起来，同个人的岗位职责结合起来，以增强员工的职业观念、职业事业心和职业责任感。职业道德要求员工在本职工作中不怕艰苦，勤奋工作，既讲团结协作，又争个人贡献，既讲经济效益，又讲社会效益。加强职业道德要求紧密联系本行业本单位的实际，有针对性地解决存在的问题。

（2）加强职业道德是促进企业和谐发展的迫切要求

职业道德的基本职能是调节职能，一方面可以调节从业人员内部的关系，即运用职业道德规范约束职业内部人员的行为，促进职业内部人员的团结与合作，加强职业、行业内部人员的凝聚力；另一方面，职业道德又可以调节从业人员与服务对象之间的关系，用来塑造本职业从业人员的社会形象。

企业是具有社会性的经济组织，在企业内部存在着各种复杂的关系，这些关系既有相互协调的一面，也有矛盾冲突的一面，如果解决不好，将会影响企业的凝聚力。这就要求企业所有的员工具有较高的职业道德觉悟，从大局出发，光明磊落、相互谅解、相互宽容、相互信赖、同舟共济，而不能意气用事、互相拆台。企业内部上下级之间、部门之间、员工之间团结协作，使企业真正成为一个具有社会主义精神风貌的和谐集体。

（3）加强职业道德是提高企业竞争力的必要措施

当前市场竞争激烈，各行各业都讲经济效益，要求企业的经营者在竞争中不断开拓创新。但行业之间为了自身的利益，会产生很多新的矛盾，形成自我力量的抵消，使一些企业的经营者在竞争中单纯追求利润、产值，不求质量，或者以次充好、以假乱真，不顾社会效益，损害国家、人民和消费者的利益，企业得到只能是短暂的收益，失去的是消费者的信任，也就失去了生存和发展的源泉，难以在竞争的激流中屹立不倒。在企业中加强职业道德使得企业在追求自身利润的同时，又能创造好的社会效益，从而提升企业形象，赢得持久而稳定的市场份额；同时，也使企业内部员工之间相互尊重、相互信任、相互合作，从而提高企业凝聚力，企业方能在竞争中稳步发展。

（4）加强职业道德是个人健康发展的基本保障

市场经济对于职业道德建设有其积极一面，也有消极的一面，它的自发性、自由性、注重经济效益的特性，诱惑一些人"一切向钱看"，唯利是图，不择手段追求经济效益，从而走入歧途，断送前程。提高从业人员的道德素质，树立职业理想，增强职业责任感，形成良好的职业行为，抵抗物欲诱惑，不被利欲所熏心，才能脚踏实地在本行业中追求进步。在社会主义市场经济条件下，只有具备职业道德精神的从业人员，才能在社会中站稳脚跟，成为社会的栋梁之材，在为社会创造效益的同时，也保障了自身的健康发展。

（5）加强职业道德提高全社会道德水平的重要手段

职业道德是整个社会道德的主要内容，它一方面涉及每个从业者如何对待职业，如何对待工作，同时也是一个从业人员的生活态度、价值观念的表现，是一个人的道德意识和道德行为发展到成熟阶段的体现，具有较强的稳定性和连续性。另一方面，职业道德也是一个职业集体甚至一个行业全体人员的行为表现，如果每个行业、每个职业集体都具备优良的道德，那么对整个社会道德水平的提高就会发挥重要作用。

第三节　建设行业职业道德建设

1. 加强职业道德建设，践行社会主义核心价值观

"国无德不兴，人无德不立。"习近平总书记指出："核心价值观，其实就是一种德，既是个人的德，也是一种大德，就是国家的德、社会的德。"因此，"必须加强全社会的思想道德建设，激发人们形成善良的道德意愿、道德情感，培育正确的道德判断和道德责任，提高道德实践能力尤其是自觉践行能力，引导人们向往和追求讲道德、尊道德、守道德的生活，形成向上的力量、向善的力量。"培育社会主义核心价值观，首先要培植一种有益于国家、社会、他人的道德。

党的十八大提出，倡导富强、民主、文明、和谐，倡导自由、平等、公正、法治，倡导爱国、敬业、诚信、友善，积极培

育和践行社会主义核心价值观。富强、民主、文明、和谐是国家层面的价值目标，自由、平等、公正、法治是社会层面的价值取向，爱国、敬业、诚信、友善是公民个人层面的价值准则，"富强、民主、文明、和谐；自由、平等、公正、法治；爱国、敬业、诚信、友善"，这24个字是社会主义核心价值观的基本内容。践行社会主义核心价值观对于道德建设具有重要的指导意义，而加强道德建设又对践行社会主义核心价值观发挥着基础性作用，两者互有联系，相辅相成。

建设行业是社会主义现代化建设中的一个十分重要的行业。工厂、住宅、学校、商店、医院、体育场馆、文化娱乐设施等的建设，都离不开建设行为，它以满足人民群众日益增长的物质文化生活需要为出发点。建设行业职业道德是社会主义核心价值观、社会主义道德规范，在建设行业的具体体现。

2. 结合建设行业特点和现实，加强职业道德建设

（1）职业道德建设的行业特点

以建设行业中建筑为例，专业多、岗位多、从业人员多且普遍文化程度较低、综合素质相对不高；条件艰苦，任务繁重，露天作业、高空作业，常年日晒雨淋，生产生活场所条件艰苦，安全设施落后和不足，作业存在安全隐患，安全事故频发；施工涉及面大，人员流动性强，四海为家，四处奔波，难以接受长期定点的培训教育；工种之间联系紧密，各专业、各工种、各岗位前后延续共同完成工程的建设；具有较强的社会性，一座建筑物凝聚了多方面的努力，体现了其社会价值和经济价值。同时，随着国民经济的发展，建筑行业地位和作用也越来越重要，行业发展关乎国计民生。因此，对从业人员开展及时地、各类形式灵活多样的教育培训，提高道德素质、文化水平、专业知识和职业技能；结合行业特点，加强团结协作教育、服务意识教育和职业道德教育，一切为了社会广大人民和子孙后代的利益，坚持社会主义、集体主义原则，严谨务实、艰苦奋斗、多出精品优质工程，体现其社会价值和经济价值尤为重要。

(2) 职业道德建设的行业现实

一个建筑物的诞生或一项工程的竣工需要有良好的设计、周密的施工、合格的建筑材料和严格的检验与监督。近几年来，出现设计结构不合理、计算偏差，不考虑相关因素，埋下重大隐患；施工过程中秩序混乱；建筑材料伪劣产品层出不穷；金钱、人情关系扰乱工程安全质量监督，质量安全事故屡见不鲜。作为百年大计的工程建设产品，如果质量差，损失和危害将无法估量。例如5·12汶川大地震中某些倒塌的问题房屋，杭州地铁坍塌，上海、石家庄在建楼房倒楼事件等。造成这些问题的因素很多，但是道德因素是其中最重要的因素之一。再如，面对激烈的市场竞争，一些建筑企业为了拿到工程项目，使用各种手段，其中手段之一就是盲目压价，用根本无法完成工程的价格去投标。中标后就在设计、施工、材料等方面做文章，启用非法设计人员搞黑设计；施工中偷工减料；材料上买低价伪劣产品，最终，使建筑物的"百年大计"大大打了折扣。因此，大力加强建设行业职业道德建设，营造市场经济良好环境，经济效益和社会效益并重尤为紧迫。

3. 建设行业职业道德要求

根据住房和城乡建设部发布的《建筑业从业人员职业道德规范（试行）》，对建筑从业人员共同职业道德规范要求如下：

(1) 热爱事业，尽职尽责

热爱建筑事业，安心本职工作，树立职业责任感和荣誉感，发扬主人翁精神，尽职尽责，在生产中不怕苦，勤勤恳恳，努力完成任务。

(2) 努力学习，苦练硬功

努力学文化，学知识，刻苦钻研技术，熟练掌握本工种的基本技能，练就一身过硬本领。努力学习和运用先进的施工方法，钻研建筑新技术、新工艺、新材料。

(3) 精心施工，确保质量

树立"百年大计、质量第一"的思想，按设计图纸和技术规范精心操作，确保工程质量，用优良的成绩树立建安工人形象。

（4）安全生产，文明施工

树立安全生产意识，严格安全操作规程，杜绝一切违章作业现象，确保安全生产无事故。维护施工现场整洁，在争创安全文明标准化现场管理中作出贡献。

（5）节约材料，降低成本

发扬勤俭节约优良传统，在操作中珍惜一砖一木，合理使用材料，认真做好落手清、现场清，及时回收材料，努力降低工程成本。

（6）遵章守纪，维护公德

要争做文明员工，模范遵守各项规章制度，发扬团结互助精神，尽力为其他工种提供方便。

4. 特种作业人员职业道德核心内容

（1）安全第一

坚持"生产必须安全，安全为了生产"的意识。严格遵守操作规程。操作人员要强化安全意识，认真执行安全生产的法律、法规、标准和规范，严格执行操作规程和程序，杜绝一切违章作业，不野蛮施工，不乱堆乱扔。

（2）诚实守信

诚实守信作为社会主义职业道德的基本规范，是和谐社会发展的必然要求，它不仅是建设领域职工安身立命的基础，也是企业赖以生存和发展的基石。操作人员要言行一致，表里如一，真实无欺，相互信任，遵守诺言，忠实地履行自己应当承担的责任和义务。

（3）爱岗敬业

爱岗就是热爱自己的工作岗位，敬业就是要用一种恭敬严肃的态度对待自己的工作。操作人员应当热爱本职工作，不怕苦、不怕累，认真负责，集中精力，精心操作，密切配合其他工种施工，确保工程质量，使工程如期完成。这是社会对每个从业者的要求，更应当是每个从业者对自己的自觉约束。

（4）钻研技术

操作人员要努力学习科学文化知识，刻苦钻研专业技术，苦练硬功，扎实工作，熟练掌握本工作的基本技能，努力学习和运用先进的施工方法，精通本岗位业务，不断提高业务能力。

（5）保护环境

文明操作，防止损坏他人和国家财产。讲究施工环境优美，做到优质、高效、低耗。做到不乱排污水，不乱倒垃圾，不影响交通，不扰民施工。

第二章　建筑施工特种作业人员和管理

第一节　建筑施工特种作业

1. 建筑施工特种作业概念

建筑施工特种作业人员是指在房屋建筑和市政工程施工活动中，从事对本人、他人的生命健康及周围设施的安全可能造成重大危害的作业人员。

特种作业有着不同的危险因素，《中华人民共和国安全生产法》规定：生产经营单位的特种作业人员必须按照国家有关规定经专门的安全作业培训，取得相应资格，方可上岗作业。

2. 建筑施工特种作业工种

（1）住房和城乡建设部《建筑施工特种作业人员管理规定》（建质〔2008〕75号）所确定的建筑施工特种作业包括：

1）建筑电工。

2）建筑架子工。

3）建筑起重信号司索工。

4）建筑起重机械司机。

5）建筑起重机械安装拆卸工。

6）高处作业吊篮安装拆卸工。

7）经省级以上人民政府建设主管部门认定的其他特种作业。

（2）《江苏省建筑施工特种作业人员管理暂行办法》（苏建管质〔2009〕5号），规定了江苏省的建筑施工特种作业包括：

1）建筑电工。

2）建筑架子工。

3）建筑起重信号司索工。

4）建筑起重机械司机。

5）建筑起重机械安装拆卸工。

6）高处作业吊篮安装拆卸工。

7）建筑焊工。

8）建筑施工机械安装质量检验工。

9）桩机操作工。

10）建筑混凝土泵操作工。

11）建筑施工现场场内机动车司机。

12）其他特种作业人员。

目前，江苏省又将"建筑施工现场场内机动车司机"细分为："建筑施工现场场内叉车司机""建筑施工现场场内装载机司机""建筑施工现场场内翻斗车司机""建筑施工现场场内推土机司机""建筑施工现场场内挖掘机司机""建筑施工现场场内压路机司机""建筑施工现场场内平地机司机""建筑施工现场场内沥青混凝土摊铺机司机"等。

第二节　建筑施工特种作业人员

按照住房和城乡建设部与江苏省建设行政主管部门的规定，从事建筑施工特种作业的人员应当取得建筑施工特种作业人员操作资格证书，方可上岗从事相应作业。

1. 年龄及身体要求

年满 18 周岁且符合相应特种作业规定的年龄要求。

近 3 个月内经二级乙等以上医院体检合格且无听觉障碍、无色盲，无妨碍从事本工种的疾病（如癫痫病、高血压、心脏病、眩晕症、精神病和突发性昏厥症等）和生理缺陷。

2. 学历要求

初中及以上学历。其中，报考建筑起重机械安装质量检测工（塔式起重机、施工升降机）的人员，应符合下列条件之一：

（1）具有工程机械（建筑机械）类、电气类大专以上学历或工程机械（建筑机械）类、电气类、安全工程类助理工程师任职资格，并从事起重机设计、制造、安装调试、维修、操作、检验工作2年及其以上。

（2）具有工程机械（建筑机械）类、电气类中专、理工科（非起重专业）大专以上学历或工程机械（建筑机械）类、电气类、安全工程类技术员任职资格，并从事起重机设计、制造、安装调试、维修、操作、检验工作3年及其以上。

（3）具有高中学历并从事起重机设计、制造、安装调试、维修、操作、检验工作5年及其以上。

3. 考核要求

（1）报名

全省建筑施工特种作业人员考核、发证及管理系统集成在"江苏省建筑业监管信息平台2.0"上。建筑施工企业人员可由企业统一组织通过监管信息平台直接报名，非建筑施工企业人员向所在地考核基地报名，填报相应工种，经市县建设（筑）主管部门资格审查合格后，到经省建设行政主管部门认定的建筑施工特种作业考核基地，进行培训后参加考核。

凡申请考核、延期复核、换证的人员均须进行二代身份证信息和指纹信息采集。采集入库的二代身份证和指纹信息，将作为今后个人进行考核、延期复核、换证、查验的依据，如信息不吻合，将影响上述有关事项的办理。

企业可自行采集本企业申报人员二代身份证信息，指纹信息须由申报人员至考核基地进行现场采集。

（2）考核

建筑施工特种作业人员考核包括安全技术理论和安全操作技能。

考核内容分掌握、熟悉、了解三类。其中掌握即要求能运用相关特种作业知识解决实际问题；熟悉即要求能较深理解相关特种作业安全技术知识；了解即要求具有相关特种作业的基本知识。

（3）考核办法

1）安全技术理论考核。采用无纸化网络闭卷考试方式，考试时间为2小时，实行百分制，60分为合格。其中，安全生产基本知识占25%、专业基础知识占25%、专业技术理论占50%。

2）安全操作技能考核。采用实际操作（或模拟操作）、口试等方式，考核实行百分制，70分为合格。

3）参考人员在安全技术理论考核合格后，方可参加实际操作技能考核。同一工种的实操考核时间不得早于理论考核时间，在实际操作技能考核合格后，可以取得相应的建筑施工特种作业人员操作资格。

4. 发证

（1）按照住房和城乡建设部《建筑施工特种作业人员管理规定》（建质〔2008〕75号）的规定，考核发证机关对于考核合格的，应当自考核结果公布之日起10个工作日内颁发资格证书。资格证书采用国务院建设主管部门统一规定的式样，由考核发证机关编号后签发。资格证书在全国通用。

（2）江苏省建设行政主管部门从2017年下半年开始，试行发放"电子证书"。此项工作得到了住房和城乡建设部的同意。2017年10月18日，江苏省政务服务管理办公室与省住房和城乡建设厅联合发文《关于启用住房城乡建设领域从业人员考核合格电子证书使用的有关通知》（省政务办发〔2017〕66号），文件规定从2017年12月1日起，全面启用电子证书，停发同名纸质证书。根据《中华人民共和国电子签名法》规定，可靠的电子证书具备与同名纸质证书相同效力。省住房城乡建设厅核发的电子证书，各地在公共资源交易、资质核准予以认可。

（3）电子证书式样（图2-1）。

图 2-1 电子证书的样式

第三节　建筑施工特种作业人员的权利

1. 获得劳动安全卫生的保护权利

建筑施工特种作业人员有获得用人单位提供符合国家规定的劳动安全卫生条件和必要的劳动防护用品的权利；并且有要求按照规定获得职业病健康体检、职业病诊疗、康复等职业病防治服务的权利。

2. 对安全生产状况的知情、参与和建议的权利

建筑施工特种作业人员有获得所从事的特种作业，可能面临的任何潜在危险、职业危害，安全与健康可能造成的后果的权利；有参与判别和解决所面临的劳动安全卫生问题的权利；有对本单位的安全生产和劳动安全卫生工作建议的权利。

3. 接受职业技能教育培训的权利

建筑施工特种作业人员有接受职业技能教育和安全生产知识培训的权利，以获得对工作环境、生产过程、机械设备和危险物质等方面的有关安全卫生知识。

4. 拒绝违章指挥和强令冒险作业的权利

建筑施工特种作业人员在单位领导或者有关工程技术人员违章指挥，或者在明知存在危险因素而没有采取安全保护措施，强迫命令操作人员作业时，有拒绝工作的权利。

5. 危险状态下的紧急避险权利

在生产劳动过程中，当发现危及作业人员生命安全的情况时，作业人员有权停止工作或者撤离现场。

6. 安全生产活动的监督与批评、检举、控告和申诉的权利

建筑施工特种作业人员对用人单位遵守劳动安全卫生法律法规和标准，履行保护工人安全健康的责任的情况，有监督的权利。对用人单位违反劳动安全卫生法律法规和标准，不履行其责任的情况，作业人员有批评、检举和控告的权利。在劳动保护等方面受到用人单位不公正待遇时，作业人员有权向有关部门提出申诉的权利。

对作业人员的检举、控告和申诉，建设行政主管部门和其他有关部门应当查清事实，认真处理，不得压制和打击报复。

用人单位不得因作业人员对本单位安全生产工作提出批评、检举、控告或者拒绝违章指挥、强令冒险作业及向有关部门提出申诉而降低其工资、福利等待遇或者解除与其订立的劳动合同。

7. 依法获得工伤保险的权利

生产经营单位必须依法参加工伤社会保险，为从业人员缴纳保险费。建筑施工企业必须为从事危险作业的职工办理意外伤害保险，支付保险费。当作业人员发生工伤事故时，依法获得相关保险的权利。

第四节　建筑施工特种作业人员的义务

1. 遵守有关安全生产的法律、法规和规章的义务

建筑施工特种作业人员在施工活动中，应当遵守有关安全生产的法律、法规和规章。遵守建筑施工安全强制性标准和用人单位的规章制度，严格按照操作规程操作，做到不违规作业、不违章作业。

2. 提高职业技能和安全生产操作水平的义务

建筑施工特种作业人员面对建筑施工活动中的复杂性和多样性，要不断提高职业技能水平。在未上岗之前应参加岗前技能培训和安全生产操作能力的培训，掌握安全操作知识和技能，取得相应合格证书后方可上岗工作。已在工作岗位上的人员，还必须经常性地参加有关教育培训，熟练掌握本工种的各项安全操作技能，不断提高职业技能和安全生产操作水平。

3. 遵守劳动纪律的义务

建筑施工特种作业人员应严格遵守用人单位的劳动纪律。劳动纪律是用人单位为形成和维持生产经营秩序，保证劳动合同得以履行，要求全体员工在集体劳动、工作、生活过程中以及与劳动、工作紧密相关的其他过程中必须共同遵守的规则。

4. 发现事故隐患和其他不安全因素，立即报告的义务

建筑施工特种作业人员在施工现场直接承担具体的作业活动，更容易发现事故隐患或者其他不安全因素，一旦发现事故隐患或者其他不安全因素，作业人员应当立即向现场安全生产管理人员或者本单位负责人报告，不得隐瞒不报或者拖延报告。如果作业人员发现所报告的事故隐患或者其他不安全因素得不到解决，作业人员也可以越级上报。

5. 完成生产任务的义务

建筑施工特种作业人员完成合理的生产任务是应尽的义务，也是取得劳动报酬的基本条件。作业人员在完成合理生产任务的前提下，还应该保证质量，争做生产劳动的积极分子，为企业经济效益、为社会财富的积累、为国家的发展做出自己应有的贡献。

第五节　建筑施工特种作业人员的管理

根据住房和城乡建设部的规定，省、自治区、直辖市人民政府建设主管部门或者其委托的考核机构负责本行政区域内建筑施工特种作业人员的考核工作。

1. 建设行政主管部门的管理职责

（1）省建设行政主管部门的管理职责

1）负责全省范围内建筑施工特种作业人员的考核监督管理工作。

2）研究制定特种作业人员执业资格考核标准、考核大纲，建立相应工种的试题库。

3）认证特种作业人员执业资格考核基地。

4）负责特种作业人员执业资格考核工作的师资教育培训，监督管理考核考务工作。

5）负责特种作业人员执业证书的颁发和管理。

6）负责特种作业人员统计信息工作。

7）其他监督管理工作。

（2）受委托的市、县建设（筑）主管部门的管理职责

1）负责本行政区域内特种作业人员的监督管理工作，制定本地区特种作业人员考核发证管理制度，建立本地区特种作业人员档案。

2）负责考核基地的初审和考评人员的日常管理。

3）负责特种作业人员考核工作的组织实施。

4）负责特种作业人员考核、延期复核、换证的市、县分级审核。

5）负责特种作业人员执业继续教育。

6）负责特种作业人员的统计信息工作。

7）监督检查特种作业人员的从业活动，查处违章行为并记录在档。

8）其他监督管理工作。

2. 用人单位的管理职责：

（1）用人单位对于首次取得执业资格证书的人员，应当在其正式上岗前安排不少于 3 个月的实习操作。实习操作期间，用人单位应当指定专人指导和监督作业。实习操作期满经用人单位考核合格方可独立作业。（所指定的专人应当从已取得相应特种作业资格证书、从事相关工作 3 年以上、无不良记录的熟练工中选取。）

（2）与持有效执业资格证书的特种作业人员订立劳动合同。

（3）制定并落实本单位特种作业安全操作规程和安全管理制度。

（4）书面告知特种作业人员违章操作的危害。

（5）向特种作业人员提供齐全、合格的安全防护用品和安全的作业条件。

（6）组织或者委托有能力的培训机构对本单位特种作业人员进行年度安全生产教育培训或者继续教育，时间不少于 24 小时。

（7）建立本单位特种作业人员管理档案。

（8）查处特种作业人员违章行为并记录在档。

（9）法律法规及有关规定明确的其他职责。

3. 特种作业人员应履行的职责

（1）严格遵守国家有关安全生产规定和本单位的规章制度，按照安全技术标准、规范和规程进行作业。

（2）正确佩戴和使用安全防护用品，并按规定对作业工具和设备进行维护保养。

（3）在施工中发生危及人身安全的紧急情况时，有权立即停止作业或者撤离危险区域，并向施工现场专职安全生产管理人员和项目负责人报告。

（4）自觉参加年度安全教育培训或者继续教育，每年不得少于 24 小时。

（5）拒绝违章指挥，并制止他人违章作业。

（6）法律法规及有关规定明确的其他职责。

4. 特种作业人员资格证书的延期

建筑施工特种作业人员执业资格证书有效期为 2 年。有效期满需要延期的，持证人员本人应当在期满前 3 个月内，向原市县考核受理机关提出申请，市县建设行政主管部门初审后，向省建设行政主管部门申请办理延期复核相关手续。延期复核合格的，证书有效期延期 2 年。

（1）特种作业人员申请资格证书延期复核，应当提交下列材料：

1）延期复核申请表。

2）身份证（原件和复印件）。

3）近 3 个月内由二级乙等以上医院出具的体检合格证明。

4）年度安全教育培训证明和继续教育证明。

5）用人单位出具的特种作业人员管理档案记录。

6）规定提交的其他资料。

（2）特种作业人员在资格证书有效期内，有下列情形之一的，延期复核结果为不合格：

1）超过相关工种规定年龄要求的。

2）身体健康状况不再适应相应特种作业岗位的。

3）对生产安全事故负有直接责任的。

4）2 年内违章操作记录达 3 次（含 3 次）以上的。

5）未按规定参加年度安全教育培训或者继续教育的。

6）规定的其他情形。

（3）市县建设（筑）行政主管部门在接到特种作业人员提交的延期复核申请后，应当根据下列情况分别作出处理：

1）对于不符合延期复核申请相关情形的，市县建设（筑）主管部门自收到延期复核资料之日起 5 个工作日内作出不予延期决定，并说明理由。

2）对于提交资料齐全且符合延期复审申请相关情形的，省建筑主管部门自收到市县建设（筑）主管部门延期复核相关手续之日起 10 个工作日内办理准予延期复核手续。

（4）省建筑主管部门应当在资格证书有效期满前按相关规定作出决定，逾期未作出决定的，视为延期复核合格。

5. 特种作业人员资格证书的撤销与注销

（1）省建筑主管部门对有下列情形之一的，应当撤销资格证书

1）持证人弄虚作假骗取资格证书或者办理延期手续的。

2）工作人员违法核发资格证书的。

3）持证人员因安全生产责任事故承担刑事责任的。

4）规定应当撤销的其他情形。

（2）省建筑主管部门对有下列情形之一的，应当注销资格证书

1）按规定不予延期的。

2）持证人逾期未申请办理延期复核手续的。

3）持证人死亡或者不具有完全民事行为能力的。

4）本人提出要求的。

5）规定应当注销的其他情形。

6. 特种作业人员管理的其他要求

（1）持有特种作业资格证书的执业人员，应当受聘于建筑施工企业或者建筑起重机械出租单位（以下简称用人单位），方可从事相应的特种作业。

（2）任何单位和个人不得非法涂改、倒卖、出租、出借或者以其他形式转让资格证书。

（3）特种作业人员变动工作单位，任何单位和个人不得以任何理由非法扣押其执业资格证书。

（4）各地应当建立举报制度，公开举报电话或者电子信箱，受理有关特种作业人员考核、发证以及延期复核的举报。对受理的举报，有关机关和工作人员应当及时妥善处理。

第三章 建筑施工安全生产 相关法规及管理制度

第一节 建筑安全生产相关法律主要内容

《中华人民共和国宪法》规定：国家通过各种途径，创造劳动就业条件，加强劳动保护，改善劳动条件，并在发展生产的基础上，提高劳动报酬和福利待遇。

劳动是一切有劳动能力的公民的光荣职责。国有企业和城乡集体经济组织的劳动者都应当以国家主人翁的态度对待自己的劳动。国家提倡社会主义劳动竞赛，奖励劳动模范和先进工作者。

1.《中华人民共和国建筑法》相关内容

（1）建筑活动应当确保建筑工程质量和安全，符合国家的建筑工程安全标准。

（2）从事建筑活动应当遵守法律、法规，不得损害社会公共利益和他人的合法权益。

（3）建筑工程安全生产管理必须坚持安全第一、预防为主的方针，建立健全安全生产的责任制度和群防群治制度。

（4）建筑施工企业应当在施工现场采取维护安全、防范危险、预防火灾等措施；有条件的，应当对施工现场实行封闭管理。

施工现场对毗邻的建筑物、构筑物和特殊作业环境可能造成损害的，建筑施工企业应当采取安全防护措施。

（5）建筑施工企业应当遵守有关环境保护和安全生产的法律、法规的规定，采取控制和处理施工现场的各种粉尘、废气、废水、固体废物以及噪声、振动对环境的污染和危害的措施。

（6）建筑施工企业必须依法加强对建筑安全生产的管理，执行安全生产责任制度，采取有效措施，防止伤亡和其他安全生产事故的发生。

建筑施工企业的法定代表人对本企业的安全生产负责。

（7）施工现场安全由建筑施工企业负责。实行施工总承包的，由总承包单位负责。分包单位向总承包单位负责，服从总承包单位对施工现场的安全生产管理。

（8）建筑施工企业应当建立健全劳动安全生产教育培训制度，加强对职工安全生产的教育培训；未经安全生产教育培训的人员，不得上岗作业。

（9）建筑施工企业和作业人员在施工过程中，应当遵守有关安全生产的法律、法规和建筑行业安全规章、规程，不得违章指挥或者违章作业。作业人员有权对影响人身健康的作业程序和作业条件提出改进意见，有权获得安全生产所需的防护用品。作业人员对危及生命安全和人身健康的行为有权提出批评、检举和控告。

（10）建筑施工企业必须为从事危险作业的职工办理意外伤害保险，支付保险费。

（11）施工中发生事故时，建筑施工企业应当采取紧急措施减少人员伤亡和事故损失，并按照国家有关规定及时向有关部门报告。

2.《中华人民共和国安全生产法》相关内容

（1）生产经营单位必须遵守本法和其他有关安全生产的法律、法规，加强安全生产管理，建立、健全安全生产责任制和安全生产规章制度，改善安全生产条件，推进安全生产标准化建设，提高安全生产水平，确保安全生产。

（2）有关协会组织依照法律、行政法规和章程，为生产经营单位提供安全生产方面的信息、培训等服务，发挥自律作用，促进生产经营单位加强安全生产管理。

（3）国家实行生产安全事故责任追究制度，依照本法和有关法律、法规的规定，追究生产安全事故责任人员的法律责任。

（4）生产经营单位应当对从业人员进行安全生产教育和培训，保证从业人员具备必要的安全生产知识，熟悉有关的安全生产规章制度和安全操作规程，掌握本岗位的安全操作技能，了解事故应急处理措施，知悉自身在安全生产方面的权利和义务。未经安全生产教育和培训合格的从业人员，不得上岗作业。

（5）生产经营单位的特种作业人员必须按照国家有关规定经专门的安全作业培训，取得相应资格，方可上岗作业。

（6）生产经营单位应当建立健全生产安全事故隐患排查治理制度，采取技术、管理措施，及时发现并消除事故隐患。事故隐患排查治理情况应当如实记录，并向从业人员通报。

（7）承担安全评价、认证、检测、检验的机构应当具备国家规定的资质条件，并对其作出的安全评价、认证、检测、检验的结果负责。

（8）负有安全生产监督管理职责的部门应当建立举报制度，公开举报电话、信箱或者电子邮件地址，受理有关安全生产的举报；受理的举报事项经调查核实后，应当形成书面材料；需要落实整改措施的，报经有关负责人签字并督促落实。

（9）任何单位或者个人对事故隐患或者安全生产违法行为，均有权向负有安全生产监督管理职责的部门报告或者举报。

（10）新闻、出版、广播、电影、电视等单位有进行安全生产宣传教育的义务，有对违反安全生产法律、法规的行为进行舆论监督的权利。

3. 《中华人民共和国特种设备安全法》相关内容

（1）特种设备生产、经营、使用单位应当遵守本法和其他有关法律、法规，建立、健全特种设备安全和节能责任制度，加强特种设备安全和节能管理，确保特种设备生产、经营、使用安全，符合节能要求。

（2）任何单位和个人有权向负责特种设备安全监督管理的部门和有关部门举报涉及特种设备安全的违法行为，接到举报的部门应当及时处理。

（3）特种设备生产、经营、使用单位及其主要负责人对其生产、经营、使用的特种设备安全负责。

特种设备生产、经营、使用单位应当按照国家有关规定配备特种设备安全管理人员、检测人员和作业人员，并对其进行必要的安全教育和技能培训。

（4）特种设备安全管理人员、检测人员和作业人员应当按照国家有关规定取得相应资格，方可从事相关工作。特种设备安全管理人员、检测人员和作业人员应当严格执行安全技术规范和管理制度，保证特种设备安全。

（5）特种设备使用单位应当建立岗位责任、隐患治理、应急救援等安全管理制度，制定操作规程，保证特种设备安全运行。

（6）特种设备使用单位应当建立特种设备安全技术档案。

安全技术档案应当包括以下内容：

特种设备的设计文件、产品质量合格证明、安装及使用维护保养说明、监督检验证明等相关技术资料和文件；

特种设备的定期检验和定期自行检查记录；

特种设备的日常使用状况记录；

特种设备及其附属仪器仪表的维护保养记录；

特种设备的运行故障和事故记录。

（7）特种设备的使用应当具有规定的安全距离、安全防护措施。

（8）特种设备使用单位应当对其使用的特种设备进行经常性维护保养和定期自行检查，并作出记录。

特种设备使用单位应当对其使用的特种设备的安全附件、安全保护装置进行定期校验、检修，并作出记录。

（9）特种设备使用单位应当按照安全技术规范的要求，在检验合格有效期届满前一个月向特种设备检验机构提出定期检验要求。

特种设备检验机构接到定期检验要求后，应当按照安全技术规范的要求及时进行安全性能检验。特种设备使用单位应当将定期检验标志置于该特种设备的显著位置。

未经定期检验或者检验不合格的特种设备，不得继续使用。

（10）特种设备安全管理人员应当对特种设备使用状况进行经常性检查，发现问题应当立即处理；情况紧急时，可以决定停止使用特种设备并及时报告本单位有关负责人。

特种设备作业人员在作业过程中发现事故隐患或者其他不安全因素，应当立即向特种设备安全管理人员和单位有关负责人报告；特种设备运行不正常时，特种设备作业人员应当按照操作规程采取有效措施保证安全。

（11）特种设备出现故障或者发生异常情况，特种设备使用单位应当对其进行全面检查，消除事故隐患，方可继续使用。

（12）负责特种设备安全监督管理的部门在依法履行监督检查职责时，可以行使下列职权：

1）进入现场进行检查，向特种设备生产、经营、使用单位和检验、检测机构的主要负责人和其他有关人员调查、了解有关情况；

2）根据举报或者取得的涉嫌违法证据，查阅、复制特种设备生产、经营、使用单位和检验、检测机构的有关合同、发票、账簿以及其他有关资料；

3）对有证据表明不符合安全技术规范要求或者存在严重事故隐患的特种设备实施查封、扣押；

4）对流入市场的达到报废条件或者已经报废的特种设备实施查封、扣押；

5）对违反本法规定的行为作出行政处罚决定。

（13）特种设备使用单位应当制定特种设备事故应急专项预案，并定期进行应急演练。

（14）特种设备发生事故后，事故发生单位应当按照应急预案采取措施，组织抢救，防止事故扩大，减少人员伤亡和财产损失，保护事故现场和有关证据，并及时向事故发生地县级以上人民政府负责特种设备安全监督管理的部门和有关部门报告。

与事故相关的单位和人员不得迟报、谎报或者瞒报事故情况，不得隐匿、毁灭有关证据或者故意破坏事故现场。

4.《中华人民共和国劳动合同法》相关内容

（1）用人单位自用工之日起即与劳动者建立劳动关系。用人单位应当建立职工名册备查。

（2）用人单位招用劳动者时，应当如实告知劳动者工作内容、工作条件、工作地点、职业危害、安全生产状况、劳动报酬，以及劳动者要求了解的其他情况；用人单位有权了解劳动者与劳动合同直接相关的基本情况，劳动者应当如实说明。

（3）用人单位招用劳动者，不得扣押劳动者的居民身份证和其他证件，不得要求劳动者提供担保或者以其他名义向劳动者收取财物。

（4）建立劳动关系，应当订立书面劳动合同。

已建立劳动关系，未同时订立书面劳动合同的，应当自用工之日起一个月内订立书面劳动合同。

用人单位与劳动者在用工前订立劳动合同的，劳动关系自用工之日起建立。

（5）劳动合同无效或者部分无效的情形：

1）以欺诈、胁迫的手段或者乘人之危，使对方在违背真实意思的情况下订立或者变更劳动合同的；

2）用人单位免除自己的法定责任、排除劳动者权利的；

3）违反法律、行政法规强制性规定的。

对劳动合同的无效或者部分无效有争议的，由劳动争议仲裁机构或者人民法院确认。

（6）用人单位应当按照劳动合同约定和国家规定，向劳动者及时足额支付劳动报酬。

用人单位拖欠或者未足额支付劳动报酬的，劳动者可以依法向当地人民法院申请支付令，人民法院应当依法发出支付令。

（7）用人单位应当严格执行劳动定额标准，不得强迫或者变相强迫劳动者加班。用人单位安排加班的，应当按照国家有关规定向劳动者支付加班费。

（8）劳动者拒绝用人单位管理人员违章指挥、强令冒险作业的，不视为违反劳动合同。

劳动者对危害生命安全和身体健康的劳动条件，有权对用人单位提出批评、检举和控告。

5.《中华人民共和国刑法》相关内容

（1）【重大责任事故罪】在生产、作业中违反有关安全管理的规定，因而发生重大伤亡事故或者造成其他严重后果的，处三年以下有期徒刑或者拘役；情节特别恶劣的，处三年以上七年以下有期徒刑。

（2）【强令违章冒险作业罪】强令他人违章冒险作业，因而发生重大伤亡事故或者造成其他严重后果的，处五年以下有期徒刑或者拘役；情节特别恶劣的，处五年以上有期徒刑。

（3）【重大劳动安全事故罪】安全生产设施或者安全生产条件不符合国家规定，因而发生重大伤亡事故或者造成其他严重后果的，对直接负责的主管人员和其他直接责任人员，处三年以下有期徒刑或者拘役；情节特别恶劣的，处三年以上七年以下有期徒刑。

（4）【工程重大安全事故罪】建设单位、设计单位、施工单位、工程监理单位违反国家规定，降低工程质量标准，造成重大安全事故的，对直接责任人员，处五年以下有期徒刑或者拘役，并处罚金；后果特别严重的，处五年以上十年以下有期徒刑，并处罚金。

（5）【消防责任事故罪】违反消防管理法规，经消防监督机构通知采取改正措施而拒绝执行，造成严重后果的，对直接责任人员，处三年以下有期徒刑或者拘役；后果特别严重的，处三年以上七年以下有期徒刑。

（6）【不报、谎报安全事故罪】在安全事故发生后，负有报告职责的人员不报或者谎报事故情况，贻误事故抢救，情节严重的，处三年以下有期徒刑或者拘役；情节特别严重的，处三年以上七年以下有期徒刑。

第二节　建筑安全生产相关法规主要内容

1. 《建设工程安全生产管理条例》

该条例规定了施工单位的相关安全责任，包括：依法取得资质和承揽工程；建立健全安全生产制度和操作规程；保证本单位安全生产条件所需资金的投入；设立安全生产管理机构，配备专职安全生产管理人员；总承包单位对施工现场的安全生产负总责；总承包单位和分包单位对分包工程的安全生产承担连带责任；特种作业人员必须按照国家有关规定经过专门的安全作业培训，并取得特种作业操作资格证书；施工单位的施工组织设计及专项施工方案管理责任；建设工程施工安全技术交底责任；施工现场、办公、生活区安全文明管理责任；相邻建筑物及环保管理责任；施工现场防火管理责任；施工作业人员安全防护及劳保管理责任；施工机械管理责任；施工单位的主要负责人、项目负责人、专职安全生产管理人员任职管理责任；施工单位应当对管理人员和作业人员的安全生产教育培训管理责任；施工单位应当为施工现场从事危险作业的人员办理意外伤害保险等相关安全责任。

相关内容：

（1）垂直运输机械作业人员、安装拆卸工、爆破作业人员、起重信号工、登高架设作业人员等特种作业人员，必须按照国家有关规定经过专门的安全作业培训，并取得特种作业操作资格证书后，方可上岗作业。

（2）施工单位应当在施工现场入口处、施工起重机械、临时用电设施、脚手架、出入通道口、楼梯口、电梯井口、孔洞口、桥梁口、隧道口、基坑边沿、爆破物及有害危险气体和液体存放处等危险部位，设置明显的安全警示标志。安全警示标志必须符合国家标准。

施工单位应当根据不同施工阶段和周围环境及季节、气候的变化，在施工现场采取相应的安全施工措施。施工现场暂时停止施工的，施工单位应当做好现场防护，所需费用由责任方承担，或者按照合同约定执行。

（3）施工单位应当向作业人员提供安全防护用具和安全防护服装，并书面告知危险岗位的操作规程和违章操作的危害。

作业人员有权对施工现场的作业条件、作业程序和作业方式中存在的安全问题提出批评、检举和控告，有权拒绝违章指挥和强令冒险作业。

在施工中发生危及人身安全的紧急情况时，作业人员有权立即停止作业或者在采取必要的应急措施后撤离危险区域。

2.《生产安全事故报告和调查处理条例》

条例对事故报告，事故调查，事故等级及事故处理作出了规定。

相关内容：

（1）根据生产安全事故造成的人员伤亡或者直接经济损失，事故一般分为以下等级：

1）特别重大事故，是指造成30人（含30人）以上死亡，或者100人（含100人）以上重伤（包括急性工业中毒，下同），或者1亿元（含1亿元）以上直接经济损失的事故；

2）重大事故，是指造成10人（含10人）以上30人以下死亡，或者50人（含50人）以上100人以下重伤，或者5000万元（含5000万元）以上1亿元以下直接经济损失的事故；

3）较大事故，是指造成3人（含3人）以上10人以下死亡，或者10人（含10人）以上50人以下重伤，或者1000万元（含1000万元）以上5000万元以下直接经济损失的事故；

4）一般事故，是指造成3人以下死亡，或者10人以下重伤，或者1000万元以下直接经济损失的事故。

（2）事故发生后，事故现场有关人员应当立即向本单位负责人报告；单位负责人接到报告后，应当于 1 小时内向事故发生地县级以上人民政府安全生产监督管理部门和负有安全生产监督管理职责的有关部门报告。

情况紧急时，事故现场有关人员可以直接向事故发生地县级以上人民政府安全生产监督管理部门和负有安全生产监督管理职责的有关部门报告。

（3）事故调查组有权向有关单位和个人了解与事故有关的情况，并要求其提供相关文件、资料，有关单位和个人不得拒绝。

事故发生单位的负责人和有关人员在事故调查期间不得擅离职守，并应当随时接受事故调查组的询问，如实提供有关情况。

事故调查中发现涉嫌犯罪的，事故调查组应当及时将有关材料或者其复印件移交司法机关处理。

3.《特种设备安全监察条例》

（1）特种设备生产、使用单位应当建立健全特种设备安全、节能管理制度和岗位安全、节能责任制度。

特种设备生产、使用单位的主要负责人应当对本单位特种设备的安全和节能全面负责。

特种设备生产、使用单位和特种设备检验检测机构，应当接受特种设备安全监督管理部门依法进行的特种设备安全监察。

（2）特种设备出现故障或者发生异常情况，使用单位应当对其进行全面检查，消除事故隐患后，方可重新投入使用。

（3）特种设备使用单位应当对特种设备作业人员进行特种设备安全、节能教育和培训，保证特种设备作业人员具备必要的特种设备安全、节能知识。

特种设备作业人员在作业中应当严格执行特种设备的操作规程和有关的安全规章制度。

（4）特种设备作业人员在作业过程中发现事故隐患或者其他不安全因素，应当立即向现场安全管理人员和单位有关负责人报告。

第三节　建筑安全生产相关规章及
规范性文件主要内容

1.《建筑起重机械安全监督管理规定》

（1）使用单位应当履行下列安全职责：

1）根据不同施工阶段、周围环境以及季节、气候的变化，对建筑起重机械采取相应的安全防护措施；

2）制定建筑起重机械生产安全事故应急救援预案；

3）在建筑起重机械活动范围内设置明显的安全警示标志，对集中作业区做好安全防护；

4）设置相应的设备管理机构或者配备专职的设备管理人员；

5）指定专职设备管理人员、专职安全生产管理人员进行现场监督检查；

6）建筑起重机械出现故障或者发生异常情况的，立即停止使用，消除故障和事故隐患后，方可重新投入使用。

（2）使用单位应当对在用的建筑起重机械及其安全保护装置、吊具、索具等进行经常性和定期的检查、维护和保养，并做好记录。

（3）禁止擅自在建筑起重机械上安装非原制造厂制造的标准节和附着装置。

（4）建筑起重机械特种作业人员应当遵守建筑起重机械安全操作规程和安全管理制度，在作业中有权拒绝违章指挥和强令冒险作业，有权在发生危及人身安全的紧急情况时立即停止作业或者采取必要的应急措施后撤离危险区域。

（5）建筑起重机械安装拆卸工、起重信号工、起重司机、司索工等特种作业人员应当经建设主管部门考核合格，并取得特种作业操作资格证书后，方可上岗作业。

省、自治区、直辖市人民政府建设主管部门负责组织实施建筑施工企业特种作业人员的考核。

2. 《危险性较大的分部分项工程安全管理办法》

该办法对危险性较大的分部分项工程，即房屋建筑和市政基础设施工程在施工过程中，容易导致人员群死群伤或者造成重大经济损失的分部分项工程的前期保障、专项施工方案、现场安全管理及监督管理明确了具体要求。

（1）施工单位应当在施工现场显著位置公告危大工程名称、施工时间和具体责任人员，并在危险区域设置安全警示标志。

（2）专项施工方案实施前，编制人员或者项目技术负责人应当向施工现场管理人员进行方案交底。

施工现场管理人员应当向作业人员进行安全技术交底，并由双方和项目专职安全生产管理人员共同签字确认。

（3）施工单位应当对危大工程施工作业人员进行登记，项目负责人应当在施工现场履职。

项目专职安全生产管理人员应当对专项施工方案实施情况进行现场监督，对未按照专项施工方案施工的，应当要求立即整改，并及时报告项目负责人，项目负责人应当及时组织限期整改。

施工单位应当按照规定对危大工程进行施工监测和安全巡视，发现危及人身安全的紧急情况，应当立即组织作业人员撤离危险区域。

（4）危大工程发生险情或者事故时，施工单位应当立即采取应急处置措施，并报告工程所在地住房和城乡建设主管部门。建设、勘察、设计、监理等单位应当配合施工单位开展应急抢险工作。

第四章 建筑施工安全防护基本知识

第一节 个人安全防护用品的使用

1. 安全帽

安全帽是对人的头部受坠落物及其他特定因素引起的伤害起防护作用的防护用品。由帽壳、帽衬、下颌带和帽箍等组成。

施工现场工人必须佩戴安全帽。

（1）安全帽的作用

主要是为了保护头部不受到伤害。并在出现以下几种情况时保护人的头部不受伤害或降低头部伤害的程度。

1）飞来或坠落下来的物体击向头部时；

2）当作业人员从 2m 及以上的高处坠落下来时；

3）当头部有可能触电时；

4）在低矮的部位行走或作业，头部有可能碰到尖锐、坚硬的物体时。

（2）安全帽佩戴注意事项

安全帽的佩戴要符合标准，使用应符合规定。佩戴时要注意下列事项：

1）戴安全帽前应将调整带按自己头型调整到适合的位置，然后将帽内弹性带系牢。缓冲衬垫的松紧由带子调节，人的头顶和帽体内顶部的空间垂直距离一般在 25～50mm。这样才能保证当遭受到冲击时，帽体有足够的空间可供缓冲，平时也有利于头和帽体间的通风。

2）不要把安全帽歪戴，也不要把帽檐戴在脑后方。否则，会降低安全帽对于冲击的防护作用。

3）为充分发挥保护力，安全帽佩戴时必须按头号围的大小调整帽箍并系紧下颌带。

4）安全帽体顶部除了在帽体内部安装了帽衬外，有的还开了小孔通风。但在使用时不要为了透气而随便再行开孔，因为这样会降低帽体的强度。

5）安全帽要定期检查。检查有没有龟裂、下凹、裂痕和磨损等情况，发现异常现象要立即更换，不准再继续使用。任何受过重击、有裂痕的安全帽，不论有无损坏现象，均应报废。

6）在现场室内作业也要戴安全帽，特别是在室内带电作业时，更要认真戴好安全帽，因为安全帽不但可以防碰撞，而且还能起到绝缘作用。

7）平时使用安全帽时应保持整洁，不能接触火源，不要任意涂刷油漆，不准当凳子坐。如果丢失或损坏，必须立即补发或更换，无安全帽一律不准进入施工现场。

2. 安全带

安全带是用于防止高处作业人员发生坠落或发生坠落后将作业人员安全悬挂的个体防护装备。主要由安全绳、缓冲器、主带、辅带等部件组成。

为了防止作业者在某个高度和位置上可能出现的坠落，作业者在登高和高处作业时，必须系挂好安全带。安全带的使用和维护有以下几点要求：

（1）高处作业施工前，应对作业人员进行安全技术教育及交底，并应配备相应防护用品。作业人员应从思想上重视安全带的作用，作业前必须按规定要求系好安全带。

（2）安全带在使用前要检查各部位是否完好无损，所有零部件应顺滑，无材料或制造缺陷，无尖角或锋利边缘。

（3）挂点强度应满足安全带的负荷要求，挂点不是安全带的组成部分，但同安全带的使用密切相关。高处作业如无固定挂点，应采用适当强度的钢丝绳或采取其他方法悬挂。禁止挂在移动或带尖锐棱角或不牢固的物件上。

（4）高挂低用。将安全带挂在高处，人在下面工作就叫高挂低用。它可以使坠落发生时的实际冲击距离减小。与之相反的是低挂高用。因为当坠落发生时，实际冲击的距离会加大，人和绳都要受到较大的冲击负荷。所以安全带必须高挂低用，严禁低挂高用。

（5）安全带绳保护套要保持完好，以防绳被磨损。若发现保护套损坏或脱落，必须加上新套后再使用。

（6）安全带严禁擅自接长使用。如果使用 3m 及以上的长绳时必须要加缓冲器，各部件不得任意拆除。

（7）安全带在使用后，要注意维护和保管。要经常检查安全带缝制部分和挂钩部分，必须详细检查捻线是否发生裂断和残损等。

（8）安全带不使用时要妥善保管，不可接触高温、明火、强酸、强碱或尖锐物体，不要存放在潮湿的仓库中保管。

（9）安全带在使用两年后应抽验一次，频繁使用应经常进行外观检查，发现异常必须立即更换。定期或抽样试验用过的安全带，不准再继续使用。

3. 防护服

建筑施工现场作业人员应穿着工作服。焊工的工作服一般为白色，其他工种的工作服没有颜色的限制。

（1）防护服的分类

建筑施工现场的防护服主要有以下几类：

1）全身防护型工作服；

2）防毒工作服；

3）耐酸工作服；

4）耐火工作服；

5）隔热工作服；

6）通气冷却工作服；

7）通水冷却工作服；

8）防射线工作服；

9）劳动防护雨衣；

10）普通工作服。

（2）防护服的穿着

施工现场对作业人员防护服的穿着要求主要有：

1）作业人员作业时必须穿着工作服；

2）操作转动机械时，袖口必须扎紧；

3）从事特殊作业的人员必须穿着特殊作业防护服；

4）焊工工作服应是白色帆布制作。

4．防护鞋

防护鞋的种类比较多，应根据作业场所和内容的不同选择使用。电力建设施工现场上常用的有绝缘靴（鞋）、焊接防护鞋、耐酸碱橡胶靴及皮安全鞋等。

对绝缘鞋的要求有：

（1）必须在规定的电压范围内使用；

（2）绝缘鞋（靴）胶料部分无破损，且每半年作一次预防性试验；

（3）在浸水、油、酸、碱等条件上不得作为辅助安全用具使用。

5．防护手套

使用防护手套时，必须对工件、设备及作业情况分析之后，选择适当材料制作的，操作方便的手套，方能起到保护作用。施工现场上常用的防护手套有下列几种：

（1）劳动保护手套。具有保护手和手臂的功能，作业人员工作时一般都使用这类手套。

（2）带电作业用绝缘手套。要根据电压选择适当的手套，检查表面有无裂痕、发黏、发脆等缺陷，如有异常禁止使用。

（3）耐酸、耐碱手套。主要用于接触酸和碱时戴的手套。

（4）橡胶耐油手套。主要用于接触矿物油、植物油及脂肪簇的各种溶剂作业时戴的手套。

（5）焊工手套。电、火焊工作业时戴的防护手套，应检查皮革或帆布表面有无僵硬、薄挡、洞眼等残缺现象，如有缺陷，不准使用。手套要有足够的长度，手腕部不能裸露在外边。

第二节　安全色与安全标志

安全色和安全标志是国家规定的两个传递安全信息的标准。尽管安全色和安全标志是一种消极的、被动的防御性的安全警告装置，并不能消除、控制危险，不能取代其他防范安全生产事故的各种措施，但它们形象而醒目地向人们提供了禁止、警告、指令、提示等安全信息，对于预防安全生产事故的发生具有重要作用。

1. 安全色的概念

安全色，就是传递安全信息含义的颜色，包括红、蓝、黄、绿四种颜色。对比色，是使安全色更加醒目的反衬色，包括黑、白两种颜色。对比色要与安全色同时使用。

安全色适用于工业企业、交通运输、建筑、消防、仓库、医院及剧场等公共场所使用的信号和标志的表面色，不适用于灯光信号、航海、内河航运以及其他目的而使用的颜色。

2. 安全色的含义

安全色的红、蓝、黄、绿四种颜色，分别代表不同的含义。

（1）红色。表示禁止、停止、危险以及消防设备的意思。凡是禁止、停止、消防和有危险的器件或环境均应涂以红色的标记作为警示的信号。

（2）蓝色。表示指令，要求人们必须遵守的规定。

（3）黄色。表示提醒人们注意。凡是警告人们注意的器件、设备及环境都应以黄色表示。

（4）绿色。表示给人们提供允许、安全的信息。

（5）对比色与安全色同时使用。

（6）安全色与对比色的相间条纹。

红色与白色相间条纹——表示禁止人们进入危险环境。

黄色与黑色相间条纹——表示提示人们特别注意的意思。

蓝色和白色相间条纹——表示必须遵守规定的意思。

绿色和白色相间条纹——与提示标志牌同时使用，更为醒目地提示人们。

3. 安全色的使用

安全色的使用范围很广，可以使用在安全标志上，也可以直接使用在机械设备上；可以在室内使用，也可以在户外使用。如红色的，各种禁止标志；黄色的，各种警告标志；蓝色的，各种指令标志；绿色的，各种提示标志等。

安全色有规定的颜色范围，超出范围就不符合安全色的要求。颜色范围所规定的安全色是最不容易互相混淆的颜色。对比色是为了使安全色更加醒目而采用的反衬色，它的作用是提高物体颜色的对比度。

4. 安全标志的概念

安全标志是用以表达特定安全信息的标志，由图形符号、安全色、几何图形（边框）或文字构成。

安全标志适用于工矿企业、建筑工地、厂内运输和其他有必要提醒人们注意安全的场所。使用安全标志，能够引起人们对不安全因素的注意，从而达到预防事故、保证安全的目的。但是，安全标志的使用只是起到提示、提醒的作用，它不能代替安全操作规程，也不能代替其他的安全防护措施。

5. 安全标志的种类

安全标志分禁止标志、警告标志、指令标志和提醒标志四大类型。

（1）禁止标志。禁止标志的含义是禁止人们安全行为的图形标志。其基本形式是带斜杠的圆边框，采用红色作为安全色。

（2）警告标志。警告标志的基本含义是提醒人们对周围环境引起注意，以避免可能发生危险的图形标志。其基本形式是正三角形边框，采用黄色作为安全色。

（3）指令标志。指令标志的含义是强制人们必须做出某种动作或采用防范措施的图形标志。其基本形式是圆形边框，采用蓝色作为安全色。

（4）提示标志。提示标志的含义是向人们提供某种信息（如标明安全设施或场所等）的图形标志。其基本形式是正方形边框，采用绿色作为安全色。

第三节　高处作业安全知识

1. 高处作业的基本概念

凡在坠落高度基准面 2m 及以上，有可能坠落的高处进行的作业，均称为高处作业。

2. 建筑施工高处作业常见形式及安全措施

（1）临边作业

临边作业是指在工作面边沿无围护或围护设施高度低于800mm 的高处作业，包括楼板边、楼梯段边、屋面边、阳台边及各类坑、沟、槽等边沿的高处作业。

进行临边作业时，应在临空一侧设置防护栏杆，并应采用密目式安全立网或工具式栏板封闭。

1）分层施工的楼梯口、楼梯平台和梯段边，应安装防护栏杆；外设楼梯口、楼梯平台和梯段边还应采用密目式安全立网封闭。

2）建筑物外围边沿处，应采用密目式安全立网进行全封闭，有外脚手架的工程，密目式安全立网应设置在脚手架外侧立杆上，并与脚手杆紧密连接；没有外脚手架的工程，应采用密目式安全立网将临边全封闭。

3）施工升降机、龙门架和井架物料提升机等各类垂直运输设备设施与建筑物间设置的通道平台两侧边，应设置防护栏杆、挡脚板，并应采用密目式安全立网或工具式栏板封闭。

4）各类垂直运输接料平台口应设置高度不低于 1.80m 的楼层防护门，并应设置防外开装置；多笼井架物料提升机通道中间，应分别设置隔离设施。

（2）洞口作业

洞口作业是指在地面、楼面、屋面和墙面等有可能使人和物料坠落，其坠落高度大于或等于2m的洞口处的高处作业。

在洞口作业时，应采取防坠落措施，并应符合下列规定：

1）当垂直洞口短边边长小于500mm时，应采取封堵措施；当垂直洞口短边边长大于或等于500mm时，应在临空一侧设置高度不小于1.2m的防护栏杆，并应采用密目式安全立网或工具式栏板封闭，设置挡脚板。

2）当非垂直洞口短边尺寸为25～500mm时，应采用承载力满足使用要求的盖板覆盖，盖板四周搁置应均衡，且应防止盖板移位。

3）当非垂直洞口短边边长为500～1500mm时，应采用专项设计盖板覆盖，并应采取固定措施。

4）当非垂直洞口短边边长大于或等于1500mm时，应在洞口作业侧设置高度不小于1.2m的防护栏杆，并应采用密目式安全立网或工具式栏板封闭；洞口应采用安全平网封闭。

5）电梯井口应设置防护门，其高度不应小于1.5m，防护门底端距地面高度不应大于50mm，并应设置挡脚板。

6）在进入电梯安装施工工序之前，同时井道内应每隔10m且不大于2层加设一道水平安全网。电梯井内的施工层上部，应设置隔离防护设施。

7）施工现场通道附近的洞口、坑、沟、槽、高处临边等危险作业处，应悬挂安全警示标志外，夜间应设灯光警示。

8）边长不大于500mm洞口所加盖板，应能承受不小于1.1kN/m² 的荷载。

9）墙面等处落地的竖向洞口、窗台高度低于800mm的竖向洞口及框架结构在浇注完混凝土没有砌筑墙体时的洞口，应按临边防护要求设置防护栏杆。

（3）攀登作业

攀登作业是指借助登高用具或登高设施进行的高处作业。攀登作业应注意以下事项：

1）攀登的用具，结构构造上必须牢固可靠。

2）梯子底部应坚实，并有防滑措施，不得垫高使用，梯子的上端应有固定措施。

3）单梯不得垫高使用，使用时应与水平面成 75°夹角，踏步不得缺失，其间距宜为 300mm。当梯子需接长使用时，应有可靠的连接措施，接头不得超过 1 处。连接后梯梁的强度，不应低于单梯梯梁的强度。

4）固定式直爬梯应用金属材料制成。使用直爬梯进行攀登作业时，攀登高度以 5m 为宜，超过 8m 时，应设置梯间平台。

5）上下梯子时，必须面向梯子，且不得手持器物。

（4）交叉作业

交叉作业是指垂直空间贯通状态下，可能造成人员或物体坠落，并处于坠落半径范围内、上下左右不同层面的立体作业。交叉作业时应注意以下事项：

1）各工种进行上下立体交叉作业时，不得在同一垂直方向上操作，下层作业的位置，必须处于依上层高度确定的可能坠落半径范围之外，不符合以上条件时，应设安全防护层。

2）钢模板、脚手架拆除时，下方不得有人施工。

3）模板拆除后，临边堆放处离楼层边沿不应小于 1m，堆放高度不得超过 1m，楼层边口、通道口、脚手架边缘等处，严禁堆放任何物件。

4）结构施工自 2 层起，凡人员进出的通道口（包括井架、施工电梯的进出通道口），均应搭设双层防护棚。

5）在建建筑物旁或在塔机吊臂回转半径范围之内的主要通道、临时设施、钢筋、木工作业区等必须搭设双层防护棚。

第五章 施工现场消防基本知识

第一节 施工现场消防知识概述及常用消防器材

1. 施工现场消防知识概述

我国消防工作实行预防为主、消防结合的方针。按照政府统一领导、部门依法监管、单位全面负责、公民积极参与的原则，实行消防安全责任制，建立健全社会化的消防工作网络。

建设工程施工现场的防火，必须遵循国家有关方针、政策，针对不同施工现场的火灾特点，立足自防自救，采取可靠防火措施，做到安全可靠、经济合理、方便适用。

燃烧的发生必须具备三个条件，即：可燃物、助燃物和着火源。因此，制止火灾发生的基本措施包括：

（1）控制可燃物，以难燃或不燃的材料代替易燃或可燃的。

（2）隔绝空气，使用易燃物质的生产应在密闭的设备中进行。

（3）消除着火源。

（4）阻止火势蔓延，在建筑物之间筑防火墙，设防火间距，防止火灾扩大。

2. 建筑施工现场消防器材的配置和使用

（1）在建工程及临时用房的下列场所应配置灭火器：

1）易燃易爆危险品存放及使用场所；

2）动火作业场所；

3）可燃材料存放、加工及使用场所；

4）厨房操作间、锅炉房、发电机房、变配电房、设备用房、办公用房、宿舍等临时用房；

5）其他具有火灾危险的场所。

（2）建筑施工现场常用灭火器及使用方法：

1）泡沫灭火器。药剂：筒内装有碳酸氢钠、发沫剂、硫酸铝溶液。用途：适用于扑救油脂类、石油产品及一般固体初起的火灾；不适用于扑救忌水化学品和电气火灾。使用方法：手指堵住喷嘴，将筒体上下颠倒2次，打开开关，药剂即喷出。

2）干粉灭火器。药剂：钢筒内装有钾盐或钠盐粉，并备有盛装压缩气体的小钢瓶。用途：适用于扑救石油及其产品、可燃气体和电气设备初起的火灾。使用方法：提起筒，拔掉保险销环，干粉即可喷出。

3）二氧化碳灭火器。药剂：瓶内装有压缩或液态的二氧化碳。用途：主要适用于扑救贵重设备档案资料，仪器仪表，600V以下的电器及油脂等火灾；禁止使用二氧化碳灭火器灭火的物品有，遇有燃烧物品中的锂、钠、钾、铯、锶、镁、铝粉等。使用方法：拔掉安全销，一手拿好喇叭筒对着火源，另一手压紧压把打开开关即可。

4）酸碱灭火器。用途：主要适用于扑救竹、木、棉、毛、草、纸等一般初起火灾，但对忌水的化学物品、电气、油类不宜用。

（3）消防栓、消防带、消防水枪

消防栓按安装区域分有室内、室外消防栓两种；按安装位置分有地上式与地下式两种；按消防介质分有水消防栓和泡沫消防栓两种。消防栓应在任意时刻均处于工作状态。

1）消防水带应配相对口径的水带接口方能使用。水带接口装置于水带两端，用于水带与水带、消火栓或水枪之间的连接，以便进行输水或水和泡沫混合液，其接口为内扣式。

2）水枪是装在水带接口上，起射水作用的专用部件。各种水枪的接口形式均为内扣式。

3）消防栓的开关位置在其顶部，必须用专用扳手操作，其顶盖上有开关标志符。

使用时应先安好消防水带，之后打开消防栓上封盖把水带固定好，然后再打开消防栓。在使用消防栓灭火时，必须两人以上操作，当水带充满水后，一人拿枪，一人配合移动消防水带。

第二节　施工现场消防管理制度及相关规定

施工现场的消防安全由施工单位负责。实行施工总承包的，应由总承包单位负责。分包单位向总承包单位负责，并应服从总承包单位的管理，同时应承担国家法律、法规规定的消防责任和义务。施工现场建立消防管理制度，落实消防责任制和责任人员，建立义务消防队，定期对有关人员进行消防教育，落实消防措施。

1. 施工现场消防管理制度

（1）施工单位应编制施工现场灭火及应急疏散预案。灭火及应急疏散预案应包括下列主要内容：

1）应急灭火处置机构及各级人员应急处置职责；

2）报警、接警处置的程序和通讯联络的方式；

3）扑救初起火灾的程序和措施；

4）应急疏散及救援的程序和措施。

（2）施工人员进场时，施工现场的消防安全管理人员应向施工人员进行消防安全教育和培训。消防安全教育和培训应包括下列内容：

1）施工现场消防安全管理制度、防火技术方案、灭火及应急疏散预案的主要内容；

2）施工现场临时消防设施的性能及使用、维护方法；

3）扑灭初起火灾及自救逃生的知识和技能；

4）报警、接警的程序和方法。

（3）施工作业前，施工现场的施工管理人员应向作业人员进

行消防安全技术交底。消防安全技术交底应包括下列主要内容:

1) 施工过程中可能发生火灾的部位或环节;

2) 施工过程应采取的防火措施及应配备的临时消防设施;

3) 初起火灾的扑救方法及注意事项;

4) 逃生方法及路线。

(4) 施工过程中,施工现场的消防安全负责人应定期组织消防安全管理人员对施工现场的消防安全进行检查。消防安全检查应包括下列主要内容:

1) 可燃物及易燃易爆危险品的管理是否落实;

2) 动火作业的防火措施是否落实;

3) 用火、用电、用气是否存在违章操作,电、气焊及保温防水施工是否执行操作规程;

4) 临时消防设施是否完好有效;

5) 临时消防车道及临时疏散设施是否畅通。

2. 施工现场消防管理规定

(1) 施工现场动火作业

1) 动火作业应办理动火许可证,动火许可证的签发人收到动火申请后,应前往现场查验并确认动火作业的防火措施落实后,再签发动火许可证;

2) 动火操作人员应具有相应资格;

3) 焊接、切割、烘烤或加热等动火作业前,应对作业现场的可燃物进行清理;作业现场及其附近无法移走的可燃物应采用不燃材料覆盖或隔离;

4) 施工作业安排时,宜将动火作业安排在使用可燃建筑材料施工作业之前进行。确需在可燃建筑材料施工作业之后进行动火作业的,应采取可靠的防火保护措施;

5) 裸露的可燃材料上严禁直接进行动火作业;

6) 焊接、切割、烘烤或加热等动火作业应配备灭火器材,并应设置动火监护人进行现场监护,每个动火作业点均应设置1个监护人;

7）五级（含五级）以上风力时，应停止焊接、切割等室外动火作业，确需动火作业时，应采取可靠的挡风措施；

8）动火作业后，应对现场进行检查，并应在确认无火灾危险后，动火操作人员再离开。

（2）施工现场用电

1）电气线路应具有相应的绝缘强度和机械强度，禁止使用绝缘老化或失去绝缘性能的电气线路，严禁在电气线路上悬挂物品。破损、烧焦的插座、插头应及时更换；

2）电气设备与可燃、易燃易爆和腐蚀性物品应保持一定的安全距离；

3）距配电盘 2m 范围内不得堆放可燃物，5m 范围内不应设置可能产生较多易燃、易爆气体、粉尘的作业区；

4）可燃库房不应使用高热灯具，易燃易爆危险品库房内应使用防爆灯具；

5）电气设备不应超负荷运行或带故障使用；

（3）施工现场用气

1）储装气体罐瓶及其附件应合格、完好和有效；严禁使用减压器及其他附件缺损的氧气瓶，严禁使用乙炔专用减压器、回火防止器及其他附件缺损的乙炔瓶；

2）气瓶应保持直立状态，并采取防倾倒措施，乙炔瓶严禁横躺卧放；

3）严禁碰撞、敲打、抛掷、溜坡或滚动气瓶；

4）气瓶应远离火源，与火源的距离不应小于 10m，并应采取避免高温和防止曝晒的措施；

5）气瓶应分类储存，库房内应通风良好；空瓶和实瓶同库存放时，应分开放置，两者间距不应小于 1.5m；

6）瓶装气体使用前，应检查气瓶及气瓶附件的完好性，检查连接气路的气密性，并采取避免气体泄漏的措施，严禁使用已老化的橡皮气管；

7）氧气瓶与乙炔瓶的工作间距不应小于 5m，气瓶与明火作业点的距离不应小于 10m；

8）冬季使用气瓶，气瓶的瓶阀、减压阀等发生冻结时，严禁用火烘烤或用铁器敲击瓶阀，严禁猛拧减压器的调节螺丝；

9）氧气瓶内剩余气体的压力不应少于 0.1MPa，气瓶用后应及时归库。

第六章　施工现场应急救援基本知识

第一节　生产安全事故应急救援预案管理相关知识

1. 生产安全事故应急救援预案的概念

生产安全事故应急救援预案是为了有效预防和控制可能发生的事故，最大限度减少事故及其损害而预先制定的工作方案。它是事先采取的防范措施，将可能发生的等级事故损失和不利影响减少到最低的有效方法。

2. 建筑施工企业生产安全事故应急救援预案的管理

施工单位的应急救援预案应经专家评审或者论证后，由企业主要负责人签署发布。施工项目部的安全事故应急救援预案在编制完成后报施工企业审批。

建筑工程施工期间，施工单位应当将生产安全事故应急救援预案在施工现场显著位置公示，并组织开展本单位的应急救援预案培训交底活动，使有关人员了解应急救援预案的内容、熟悉应急救援职责、应急救援程序和岗位应急救援处置方案。

建筑施工单位应当制定本单位的应急预案演练计划，根据本单位的事故预防重点，每年至少组织一次综合应急预案演练或者专项应急预案演练，每半年至少组织一次现场处置方案演练。

第二节　现场急救基本知识

1. 施工现场应急救护要点

（1）对骨伤人员的救护

1）不能随便搬动伤者，以免不正确的搬动（或移动）给伤者带来二次伤害。例如凡是胸、腰椎骨折者，头、颈部外伤者，不能任意搬动，尤其不能屈曲。

2）在需要搬动时，用硬板固定受伤部位后方可搬动。

3）用担架搬运时，要使伤员头部向后，以便后面抬担架的人可以随时观察其伤情变化。

（2）对眼睛伤害人员的救护

1）眼有异物时，千万不要自行用力眨眼睛，应通过药水、泪水、清水冲洗，仍不能把异物冲掉时，才能扒开眼睑，仔细小心清除眼里异物，如仍无法清除异物或伤势较重时，应立即到医院治疗。

2）当化学物质（如砌筑用的石灰膏）进入眼内，立即用大量的清水冲洗。冲洗时要扒开眼睑，使水能直接冲洗眼睛，要反复冲洗，时间至少 15min 以上。在无人协助的情况下，可用一盆水，双眼浸入水中，用手分开眼睑，做睁、闭眼、转动立即到医院做必要的检查和治疗。

（3）心肺复苏术

心肺复苏术，是在建筑工地现场对呼吸心跳骤停病人给予呼吸和循环支持所采取的急救，急救措施如下：

1）畅通气道：托起患者的下颌，使病人的头向后仰，如口中有异物，应先将异物排除。

2）口对口人工呼吸：握闭病人的鼻孔，深吸气后先连续快速向病人口内吹气 4 次，吹气频率以每分钟 2～16 次。如遇特殊情况（牙关紧闭或外伤），可采用口对鼻人工呼吸。

3）胸外心脏按压：双手在放病人胸骨的下 1/3 段（剑突上

两根指），有节奏地垂直向下按压胸骨干段，成人按压的深度为胸骨下陷4～5cm为宜。一般按压15次，吹气2次。

4）胸外心脏按压和口对口吹气需要交替进行。最好有两个人同时参加急救，其中一个人作口对口吹气。

（4）外伤常用止血方法

1）一般止血法：凡出血较少的伤口，可在清洗伤口后盖上一块消毒纱布，并用绷带或胶布固定即可。

2）指压止血法：可用干净的布（没有布可以用手）直接按压伤口，直到不出血为止。

3）加压包扎止血法：用纱布、棉花等垫放在伤口上，用较大的力进行包扎。并尽量抬高受伤部位。加压时力量也不可过大或扎得过紧，如以免引起受伤部位局部缺血造成坏死。

2. 建筑施工现场主要事故类型及救援常识

（1）触电事故及救援常识

1）发现有人触电时，不要直接用手去拖拉触电者，应首先迅速拉电闸断电，现场无电闸时，使用木方等不导电的材料或用干衣服包严双手，将触电者拖离电源。

2）根据触电者的状况现场进行人工急救（如心肺复苏），并迅速向工地负责人报告或报警。

（2）火灾事故及救援常识

1）最早发现者应立即大声呼救，并根据情况立即采取正确方法灭火。当判断火势无法控制时，要迅速报警和向有关人员报告。

2）根据火灾的影响范围，迅速把无关人员疏散到指定的消防安全区。作业区发生火灾时，可采用建筑物内楼梯、外脚手架上下梯、离火灾现场较远的外施工电梯等疏散人员。不得使用离火灾现场较近的外施工电梯，严禁使用室内电梯疏散人员。

3）当火势无法控制时，要及时采取隔离火源措施，及时搬出附近的易燃易爆物以及贵重物品，防止火势蔓延到有易燃易爆物品或存放贵重物品的地点。当有可能发生气瓶爆炸或火势已无法控制且危及人员生命安全时，迅速将救火人员撤离到安全地方，等待专职消防队救援或采取其他必要措施。

4）火灾逃生自救知识原则；

如果发现火势无法控制，应保持镇静，判断危险地点和安全地点，决定逃生方法和路线，尽快撤离险地。

通过浓烟区逃生时，如无防毒面具等护具，可用湿等毛巾捂住口鼻，并尽可能贴近地面，以匍匐姿势快速前进，如有条件可向头部、身上浇冷水或用湿毛巾、湿棉被、湿毯子等将头、身裹好再冲出去。

（3）易燃易爆气体泄漏事故应急常识

1）最早发现者应立即大声呼救，并向有关人员报告或报警。根据情况立即采取正确方法施救，如尝试采取关闭阀门、堵漏洞等措施截断、控制泄漏，若无法控制，应迅速撤离。

2）在气体泄漏区内严禁使用手机、电话或启动电器设备，并禁止一切产生明火或火花的行为。

3）疏散无关人员，迅速远离危险区域，治安保卫人员要迅速建立禁区，严禁无关人员进入。同时停止附近的作业。

4）在未有安全保障措施的情况下，不要盲目行动，应等待公安消防队或其他专业救援队伍处理。

（4）发现坍塌预兆或坍塌事故应急常识

1）发现坍塌预兆时，发现者应立即大声呼唤，停止作业，迅速疏散人员撤离现场，并向项目部报告。待险情排除，并得到有关人员同意后，方可重新进入现场作业。

2）当事故发生后，发现者应立即大声呼救，同时向有关人员报告或报警。项目部根据情况立即采取措施组织抢救，同时向上级部门报告。

3）迅速判断事故发展状态和现场情况，采取正确应急控制措施，判断清楚被掩埋人员位置，立即组织人员全力挖掘抢救。

4）在救护过程中要防止二次坍塌伤人，必要时先对危险的地方采取一定的加固措施。

5）按照有关救护知识，立即救护抢救出来的伤员，在等待医生救治或送往医院抢救过程中，不要停止和放弃施救。

（5）有毒气体中毒事故应急常识

1）最早发现者应立即大声呼救，向有关人员报告或报警，如原因明确应立即采取正确方法施救，但决不可盲目救助。

2）迅速查明事故原因和判断事故发展状态，采取正确方法施救。

如中毒事故必须先通风或戴好防毒面具方可救人；如缺氧，则要戴好有供氧的防毒面具才可救人。

3）救出伤员后按照有关救护知识，立即救护伤员，在等待医生救治或送往医院抢救过程中，不要停止和放弃施救，如采用人工呼吸，或输氧急救等。

4）现场不具备抢救条件时，立即向社会求救。

（6）高处坠落伤害急救常识

1）坠落在地的伤员，应初步检查伤情，不得随意搬动。

2）立即呼叫"120"急救医生前来救治。

3）采取初步急救措施：止血、包扎、固定。

4）注意固定颈部、胸腰部椎，搬运时保持动作一致平稳，避免伤员脊柱弯曲扭动加重伤情。

3. 施工现场报警注意事项

（1）按工地写出的报警电话，进行报警。

（2）报告事故类型。说明伤情（病情、火情、案情）等，好让救护人员事先做好急救的准备。如火灾报警时要尽量说明燃烧或爆炸物质、燃烧程度、人员伤亡、发生火灾楼层等情况。

（3）说明单位（或事故地）的电话或手机号码，以便救护车（消防车、警车）随时用电话通信联系。

（4）可用几部电话或手机，由数人同时向有关救援单位报警求救。以便让各种救援单位都能以最快的速度到达事故现场。

第二部分　专业基础知识

第七章　概　　述

第一节　附着式升降脚手架的发展

1. 第一阶段

最初建筑物外墙施工防护架体，是采用传统的落地式单排脚手架、双排脚手架。20世纪80年代末90年代初期，大量的高层和超高层建筑迅速崛起。采用悬挑脚手架满足施工需要，脚手架从底到顶，需要大量的搭设脚手架的钢管和扣件，费工、费时、投资费用高，搭设高度受到限制，不能满足施工要求。各建筑施工企业、研究院所、高校单位为了减少投资，想尽各种办法研究新型的脚手架来替代传统的脚手架。产生了使用手拉葫芦为提升动力的单榀脚手架（两个机位为一组合）。此为附着式升降脚手架发展的第一阶段。如图7-1所示为大管套小管升降体系。

其结构关系为：活动架可以在固定架内移动。当固定架固定在建筑结构上时，手拉葫芦上端固定在固定架上，下端固定在活动架，拉动手拉葫芦，活动架可以垂直向上提升或向下降。当活动架固定在建筑结构上时，手拉葫芦上端固定在活动架上，下端固定在固定架上，拉动手拉葫芦，固定架可以垂直向上提升或向下降。活动架和固定架采用穿墙螺栓，固定在建筑结构上。由两榀框架组成一组架体，两片之间采用钢管扣件连接，形成固定的桁架体系。

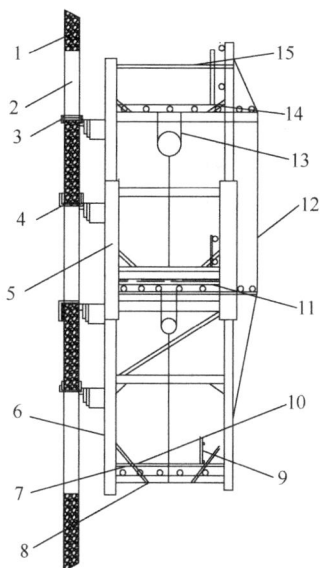

图 7-1 大管套小管升降体系

1—外剪力墙；2—窗口；3—活动架与建筑
结构上固定点；4—固定架与建筑结构上固
定点；5—固定架；6—活动架；7—操作层
大横杆；8—活动架底部横杆；9—踏脚板；
10—操作层竹笆板；11—固定架操作平台；
12—安全网；13—手拉葫芦；14—活动架上
操作平台；15—活动架上操作平台防护栏杆

大管套小管升降体系的下降，其原理如图 7-2 所示。

其中图 7-2（a）中，将固定架的上下牛腿固定在建筑结构
上，手拉葫芦的上端固定在固定架上，手拉葫芦的下端固定在活
动架上。拉动手拉葫芦，活动架向下降至需要的高度。图 7-2
（b）将活动架固定在建筑结构上，手拉葫芦的上端固定在活动架
上，下端固定在固定架上，拉动手拉葫芦，固定架向下降至需要
的高度。

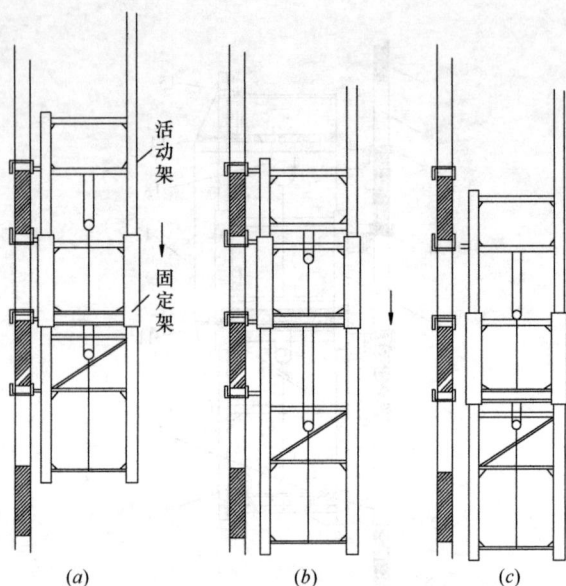

图 7-2　大管套小管升降系统下降原理

2. 第二阶段

附着式升降脚手架从开始使用至 20 世纪 90 年代中期，设计单位和施工企业取得了大量的经验，对架体结构进行了大的改进，新的提升设备（适用于附着升降脚手架的电动葫芦和液压千斤顶）研制成功，出现了采用钢管扣件搭设的整体提升脚手架。如图 7-3 所示。

其结构关系为：附着支座安装在建筑结构上，竖向主框架可以沿着附着支座上下垂直移动，提升梁安装在建筑结构上，提升设备上端挂在提升梁，提升设备下端固定在竖向主框架的下端。两竖向主框架之间采用钢管扣件连接，竖向主框架之间采用水平桁架连接。防坠装置安装在竖向主框架上，防坠杆安装在附着支座上，防坠杆穿入防坠装置中间。

钢管扣件搭设的整体提升脚手架的升降，其原理如图 7-4 所示。

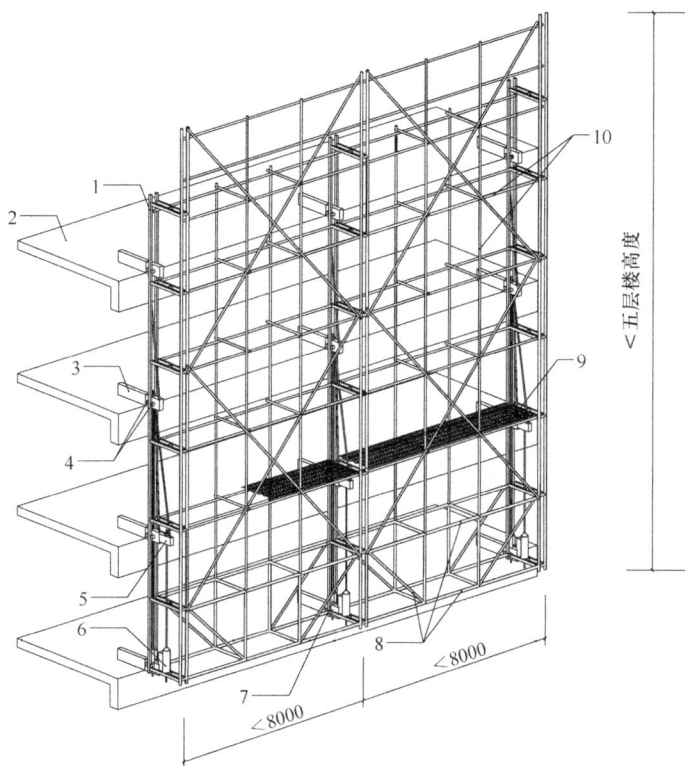

图 7-3　钢管扣件搭设的整体提升脚手架

1—竖向主框架；2—建筑结构混凝土楼面；3—附着支承结构；4—导向及防倾覆装置；5—提升（吊）梁；6—提升设备；7—防坠落装置；8—水平支承结构；9—工作脚手架；10—架体结构

（1）将上下两道附着支座安装在已经浇筑好的混凝土结构上，提升梁、提升设备安装到位，防坠装置调整好，做好提升前的准备工作。

（2）利用提升设备将整体脚手架提升一层。此时具备施工上一层的防护条件。

（3）将最上层混凝土施工完毕，将最下一道附着支座移到最上一层混凝土楼面。

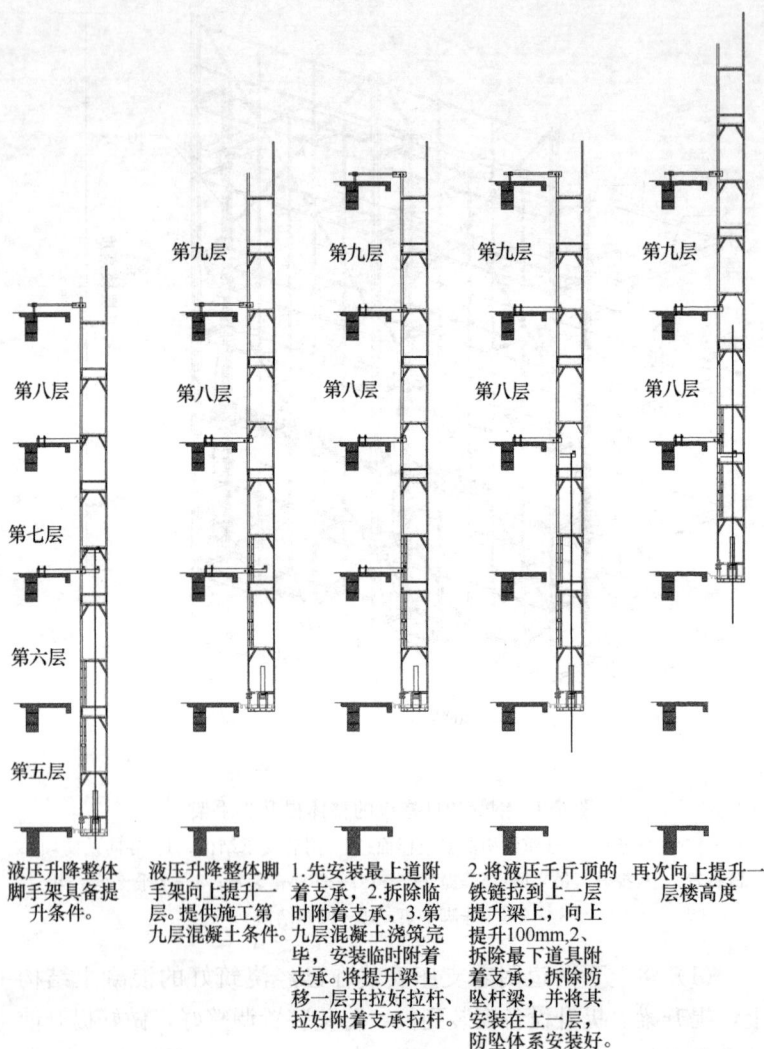

第九层　第九层　第九层　第九层

第八层　第八层　第八层　第八层　第八层

第七层

第六层

第五层

| 液压升降整体脚手架具备提升条件。 | 液压升降整体脚手架向上提升一层。提供施工第九层混凝土条件。 | 1.先安装最上道附着支承，2.拆除临时附着支承，3.第九层混凝土浇筑完毕，安装临时附着支承。将提升梁上移一层并拉好拉杆，拉好附着支承拉杆。 | 2.将液压千斤顶的铁链拉到上一层提升梁上，向上提升100mm,2、拆除最下道具附着支承，拆除防坠杆梁，并将其安装在上一层，防坠体系安装好。 | 再次向上提升一层楼高度 |

图 7-4　钢管扣件搭设的整体提升脚手架升降原理

（4）提升梁、提升设备安装到位，防坠装置调整好，做好提升前的准备工作。

（5）依次再完成上一层提升工作。

3. 第三阶段

随着电动葫芦整体升降脚手架的增多，1999 年上海市建设委员会发布了《建筑施工附着升降脚手架安全技术规程》的地方标准。2000 年建设部也出台了《建筑施工附着升降脚手架管理暂行规定》的通知。2007 年住房和城乡建设部将《建筑施工工具式脚手架安全技术规范》和《液压升降整体脚手架安全技术规程》列入标准编写计划。随后《液压升降整体脚手架安全技术规程》JGJ 183 和《建筑施工工具式脚手架安全技术规范》JGJ 202 相继颁布实施。

由于采用钢管扣件搭设附着式升降脚手架存在诸多不确定因素，同时为预防高层建筑施工过程中发生火灾事故，附着式升降脚手架生产企业对液压整体升降脚手架在设计和生产上又提高了要求，产生了定型化、工具化、标准化的"全钢式脚手架"，其代表产品有：

（1）电动葫芦提升的全钢式附着式升降脚手架

该脚手架全部采取工具化标准化装配、外侧防护网采用冲孔钢板、底部采用花纹钢板全封闭，操作平台采用钢笆网，采取工厂加工，现场地面安装，起重机械吊装的方式，具有安装速度快，安装精度高的特点。此类附着式升降脚手架一次投资成本高，综合经济指标合理。减轻了工人劳动强度，减少了环境污染，最突出的优点是防火。

（2）液压千斤顶提升的全钢式附着式升降脚手架

该脚手架具有上述全钢式附着式升降脚手架的优点，但它是随工程主体结构施工向上逐层安装，因是标准化的零部件，装配快速，安装精度高，还不影响主体施工，深受施工单位欢迎。

第二节　附着式升降脚手架的分类

附着式升降脚手架一般可按架体的升降方式、附着支承结构的形式、升降机构的类型进行分类。

1. 按架体的升降方式分类

附着式升降脚手架按升降方式分类主要有单跨式附着升降脚手架、多跨式附着升降脚手架、整体式附着升降脚手架等形式。

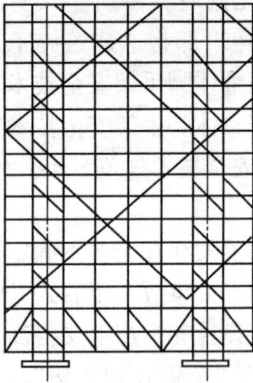

图7-5　单跨式附着
升降脚手

（1）单跨式附着升降脚手架是指仅有两套升降机构并可独自升降的附着升降脚手架（如图7-5）。单跨式附着升降脚手架一般用于无法连成整体升降脚手架的部位。若采用手拉葫芦作为升降机构，只能用于单跨附着升降脚手架。

（2）多跨式附着升降脚手架是有三套以上升降机构并可以同时升降的连跨升降脚手架。在建筑物主体结构的外墙面上下有变化的情况下，以及有分段流水施工作业时会使用到多跨式附着升降脚手架。其典型的结构形式及使用场合如图7-6所示。这是一幢超高层建筑物，由裙楼和A、B两栋主楼组成，A楼高度232m，B楼高度186m，两栋主楼外墙面均无大变化，适合使用附着升降脚手架。为了充分提高附着升降脚手架的利用率，升降脚手架可从一层开始安装使用，但因存在裙楼，⑤轴线至⑨轴线不宜使用升降脚手架，因此六层以下围绕主体结构三面的架体为多跨式附着升降脚手架，如图7-6下部的架体。由于多跨附着升降脚手架不能形成整体结构，因此在架体升降工况中，对架体防倾覆装置的安装和使用要求较高，而且每层升降用时较多。

（3）整体式附着升降脚手架是指有多套升降机构，整个架体形成一个封闭的空间，并可以整体升降的多跨式附着升降脚手架。整体式附着升降脚手架应用于建筑物主体结构上下无变化的情况，其整体性能较好，架体向里、外倾斜的可能性小，升降工

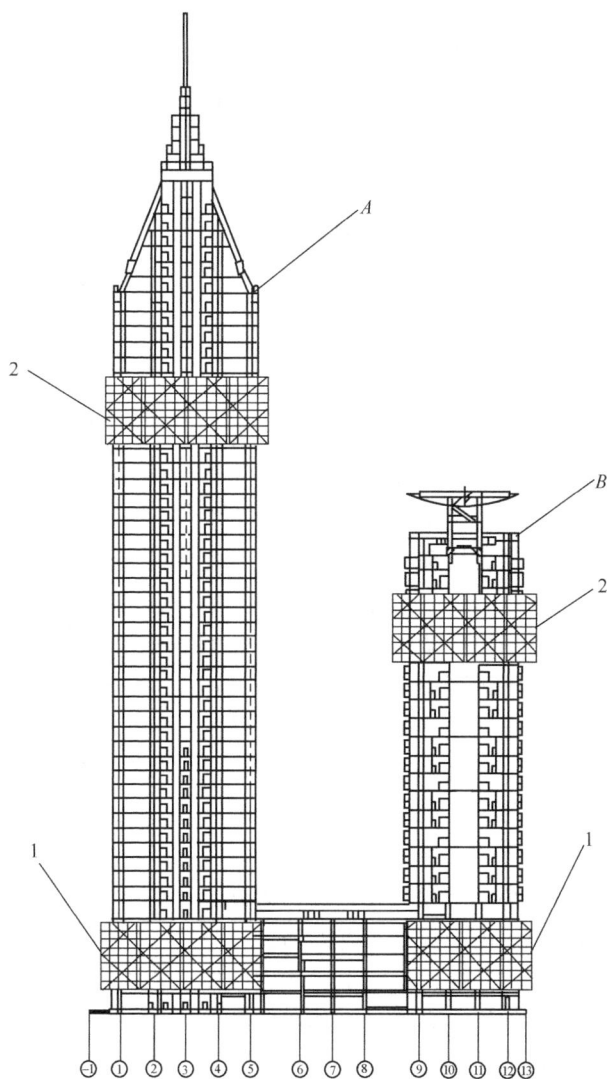

图 7-6　多跨式及整体式附着升降脚手架

况中的安全性能优于其他附着式升降脚手架。从图 7-6 中可以看出，当升降脚手架提升至六层时，将⑤轴线和⑨轴线处的架体与其他三面多跨式升降脚手架体连接后，形成整体式附着升降脚手架。由于整体式附着升降脚手架在升降工况中有多套升降机构同时工作，因此对控制升降机构的同步性能要求较高。

2. 按附着支承结构形式分类

附着式升降脚手架按附着支承形式分类主要有吊拉式附着支承和导轨式附着支承两种。

（1）吊拉式附着支承由上下两套附着支承装置组成。上面一套附着支承装置有悬臂梁、上拉杆和穿墙螺栓等部件（图7-7），架体的升降是利用从外墙面或边梁上悬挑伸出来的悬臂梁和上拉杆附着支承在建筑物上，通过若干组悬挂在悬臂梁上的电动环链葫芦吊拉住架体来实现的；而架体在使用工况下则利用另外一套下拉杆连接在建筑主体结构上。吊拉式附着支承的显著特点是架体在升降工况中，提升吊点的位置处于升降脚手架的重心，架体属于中心提升，升降较平稳。架体向里外倾覆的水平分力较小，防倾覆装置的受力处于较理想的状态。由于提升状况的需要，悬臂梁和上拉杆固定在建筑物上并伸到架体内部，移动的架体在升降时必须避让悬臂梁和上拉杆，因此每套升降机构处从下往上至少有3～4步的内侧桁架面不连续，而且这几步架体的操作面也不连续（图7-8）。

（2）导轨式附着支承是指架体的附着

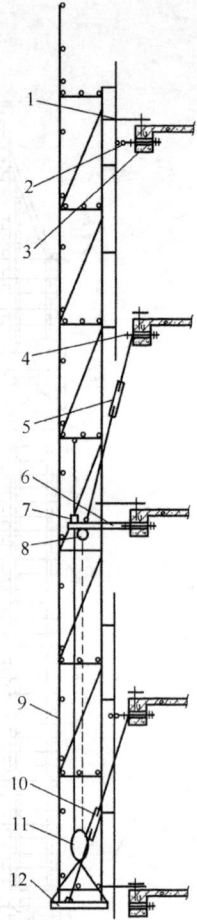

图 7-7 吊拉式附着
支承结构

1—连墙杆；2—防倾覆装置；
3—锚固螺栓；4—耳板座；
5—上拉杆；6—悬臂梁；
7—防坠落装置；8—电动葫芦；
9—架体；10—下拉杆；
11—荷载预警系统；12—底盘

固定、升降以及防坠落装置和防倾覆装置均依靠一套导轨系统来实现（图7-9）。脚手架升降时升降机构安装在架体的内侧面，升降机构与架体不发生相互干涉运动，每个机位处内侧桁架不需要断开，每步的操作面都是连续的，操作人员在架体上行走或操作比较方便。因升降机构的提升吊点设置在架体内侧，提升吊点与架体重心有较大的偏心距，导轨式附着支承脚手架属于偏心提升。提升工况中，架体外倾力矩较大，导轨及其固定处的竖向主

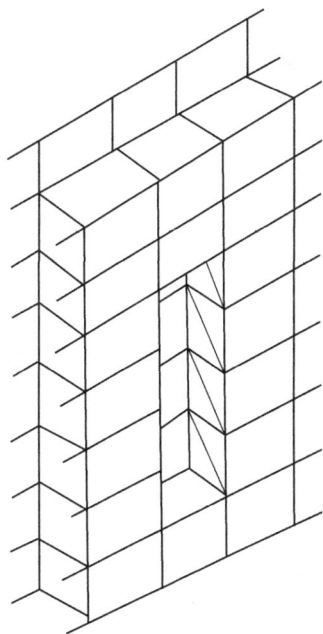

图7-8 吊拉式附着支承升
降脚手架内部桁架结构

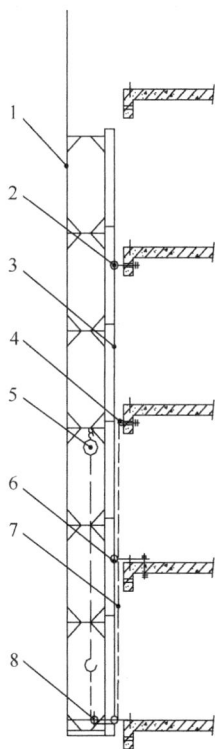

图7-9 导轨式附着装置

1—竖向主框架；2—上导座；
3—导轨；4—提升支座；
5—电动葫芦；6—下导座；
7—钢丝绳；8—滑轮

框架受水平分力较大，易产生变形后影响架体的正常升降。因此，对导轨的设计、制作、附着固定点混凝土强度和安装调整要求较高。

3. 按升降机构的类型分类

附着式升降脚手架的升降机构主要为电动葫芦和液压提升机构。

（1）电动环链葫芦：一般采用 5～10t 的电动环链葫芦作为架体的升降机构。此类升降机构体积小，重量轻，升降速度一般在 0.08～0.15m/min 左右。电动环链葫芦运行平稳，制动灵敏可靠，可实现群体使用时的电控操作，安装和使用操作方便，使用范围较广。

（2）液压提升机构：其特点是架体升降平稳，安全可靠，但受到液压油缸行程的限制，架体无法连续升降，每层升降的时间较长，而且液压动力设备复杂，安装和维护技术水平要求高，一次性投资及维修成本较高。

第三节　附着式升降脚手架的特点

附着式升降脚手架是指"搭设在一定高度并附着于工程结构上，依靠自身的升降设备和装置，可随工程结构逐层爬升或下降，具有防倾覆、防坠落装置的外脚手架。"主要用于高层和超高层建筑物主体结构与外墙装饰等施工。附着升降脚手架具有以下特点：

1. 节约人力物力。附着式升降脚手架仅需搭设一定的高度（一般为四层半楼层高度），就可以满足整个建筑物主体结构施工和外墙面装饰施工需要。与其他类型的外脚手架相比，附着式升降脚手架可节约大量的钢管、扣件、安全防护材料和搭拆人工费用。

2. 可自动升降。附着式升降脚手架架体附着支承在建筑结构上，依靠自身的升降设备，可随着建筑物主体结构的施工逐层爬升，并能实现下降施工作业，在建筑施工中起到提供操作平台和安全防护的作用。

3. 可提高工效。附着式升降脚手架围绕建筑主体结构外围搭设，可以整体升降，也可以分段分片升降，升降一层加就位固定的时间一般仅需 2～3h，而搭拆一层外脚手架至少需要一天时间。因此，使用附着式升降脚手架有利于提高工程施工进度。

4. 有利于安全施工。附着式升降脚手架在地面或裙楼顶部一次性搭设安装成型后，整个升降施工中不需要再增加脚手架材料，避免了高空多次搭、拆脚手架体带来的不安全因素；而且整体搭设的附着式升降脚手架在建筑物外围形成全封闭的脚手架体，可有效地防止高空坠物，如图 7-10 所示。

图 7-10　附着式升降脚手架在施工中形成全封闭防护架体

5. 专业性要求高。附着式升降脚手架是由各种类型的钢结构件、附着支承结构、升降机构、电气控制设备和安全保护系统等组成的高空作业脚手架，涉及脚手架、钢结构、机械、电气和自动控制等技术领域，是一项具有较高要求的综合型专业技术。与其他各种类型脚手架施工相比，无论是附着式升降脚手架的安装、拆除和施工管理，还是从事附着式升降脚手架施工作业人员的业务素质，其专业性要求更高。特别是对于一些特殊建筑结构的"附着升降脚手架施工技术方案"设计，需要具有较高综合型素质的专业技术人员以及专业施工人员来完成。

6. 适用范围广。附着式升降脚手架一般适用于主体结构 20 层以上，外形结构无较大变化的各种类型高层建筑物的主体结构施工（提升）及外墙装饰施工（下降）。经专业设计后，可用于外形呈圆形且渐变式变化的建筑物主体结构施工。例如，烟囱或冷却塔等结构施工，如图 7-11 所示。

图 7-11　附着式升降脚手架在烟囱施工中应用（烟囱顶端）

第八章 附着式升降脚手架的
结构组成及升降原理

第一节 主 要 构 配 件

附着式升降脚手架主要的构配件应包括：水平支承桁架、竖向主框架、附墙支座、悬臂梁、钢拉杆、架体构架、防倾覆装置、防坠装置、同步控制系统。当使用型钢、钢板和圆钢制作时，其材质应符合现行国家标准《碳素结构钢》GB/T 700 中Q235-A 级钢的规定。

当冬季室外温度等于或低于-20℃时，宜采用 Q235 钢和Q345 钢。承重桁架或承受冲击荷载作用的结构，应具有 0℃冲击韧性的合格保证。当冬季室外温度等于或低于-20℃时，尚应具有-20℃冲击韧性的合格保证。

1. 钢管

（1）附着式升降脚手架架体用的钢管，应采用现行国家标准《直缝电焊钢管》GB/T 13793 和《低压流体输送用焊接钢管》GB/T 3091 中的 Q235 号普通钢管，应符合现行国家标准《焊接钢管尺寸及单位长度重量》GB/T 21835 的规定，其钢材质量应符合现行国家标准《碳素结构钢》GB/T 700 中 Q235-A 级钢的规定。钢管应采用 $\phi 48 \times 3.5$ 的规格。

（2）钢管应具有产品质量合格证和符合现行国家标准《金属材料拉伸试验第 2 部分 室温试验方法》GB/T228.1 有关规定的检验报告。

（3）附着式升降脚手架钢管应平直，其弯曲度不得大于管长的 1/500，两端端面应平整，不得有斜口，有裂缝、表面分层硬伤、压扁、硬弯、深划痕、毛刺和结疤等不得使用。

(4) 钢管表面的锈蚀深度不得超过 0.25mm。

(5) 钢管在使用前应涂刷防锈漆。

2. 扣件

钢管脚手架的连接扣件应符合现行国家标准《钢管脚手架扣件》GB 15831 的规定。并在螺栓拧紧的扭力矩达到 65N•m 时，不得发生破坏。

3. 架体结构连接材料

架体结构的连接材料应符合下列要求：

(1) 手工焊接所采用的焊条，应符合现行标准《碳钢焊条》GB/T 5117 或《低合金钢焊条》GB/T 5118 的规定，焊条型号应与结构主体金属力学性能相适应，对于承受动力荷载或振动荷载的桁架结构宜采用低氢型焊条。

(2) 自动焊接或半自动焊接采用的焊丝和焊剂，应与结构主体金属力学性能相适应，并应符合国家现行有关标准的规定。

(3) 螺栓可采用现行国家标准《六角头螺栓 C 级》GB/T 5780 和《六角头螺栓》GB/T 5782 和规定。

(4) 穿墙螺栓应同时承受剪刀和轴向拉力锚栓，可采用现行国家标准《碳素结构钢》GB/T 700 中规定的 Q235 钢或《低合金高强度结构钢》GB/T 1591 中规定的 Q345 钢制成。

(5) 当结构件采用销轴连接方式时，应使用生产厂家提供的产品。销轴规格必须符合原设计要求。销轴必须有防止脱落的锁定装置。

4. 脚手板

脚手板可采用钢、木、竹材料制作，其材质应符合下列规定：

(1) 冲压钢板和钢板网脚手板，其材质应符合现行国家标准《碳素结构钢》GB/T 700 中 Q235A 级钢的规定。新脚手板应有产品质量合格证；板面挠曲不得大于 12mm 和任一角翘起不得大于 5mm；不得有裂纹、开焊和硬弯。使用前应涂刷防锈漆。

钢板网脚手板的网孔内切圆直径应小于 25mm。

（2）竹脚手板包括竹胶合板、竹笆板和竹串片脚手板。可采用毛竹或楠竹制成；竹胶合板、竹笆板，宽度不得小于 600mm，竹胶合板厚度不得小于 8mm，竹笆板厚度不得小于 6mm，竹串片脚手板厚度不得小于 50mm；不得使用腐朽、发霉的竹脚手板。

（3）木脚手板应采用杉木或松木制作，其材质应符合现行国家标准《木结构设计规范》GB 50005 中 Ⅱ 级材质的规定。板宽度不得小于 200mm，厚度不得小于 50；两端应用直径为 4mm 镀锌钢丝各绑扎两道。

（4）胶合板脚手板，应选用现行国家标准《胶合板 第 3 部分：普通胶合板通用技术条件》GB/T 9846.3 中的 Ⅱ 类普通耐水胶合板，厚度应不少于 18mm，底部木方间距不得大于 400mm，木方与脚手架杆件应用铁丝绑扎牢固，胶合板脚手板与木枋应用钉子钉牢。

5. 钢丝绳

钢丝绳具有断面相同、强度高、弹性大、韧性好、耐磨、高速运行平稳并能承受冲击荷载等特点。在破断前一般有断丝、断股等预兆，容易检查、便于预防事故，因此，在起重作业中广泛应用，是吊装中的主要绳索，可用作起吊、牵引、捆扎等。

（1）钢丝绳的构造特点和种类

钢丝绳按捻制的方法分为单绕、双绕和三绕钢丝绳三种。其中双绕钢丝绳钢丝数目多，挠性大，易于绕上滑轮和卷筒，故在起重作业中应用的一般是双绕钢丝绳。

双绕钢丝绳按照捻制的方向钢丝绳分为同向捻、交互捻、混合捻等几种。

钢丝绳中钢丝搓捻方向和钢丝股搓捻方向一致的称同向捻（顺捻）。同向捻的钢丝绳比较柔软，表面平整，与滑轮接触面比较大，因此，磨损较轻，但容易松散和产生扭结卷曲，吊重时容易旋转。

交互捻（反捻）钢丝绳，钢丝搓捻方向和钢丝股搓捻方向相反。交互捻钢丝绳强度高，扭转卷曲的倾向小，吊装中应用得较多。混合捻钢丝绳的相邻两股钢丝绳的捻法相反，即一半顺捻、一半反捻。

混合捻钢丝绳的性能较好，但制造麻烦，成本较高，一般情况用得很少。

钢丝绳按股数及一股中的钢丝数多少可分为 6 股 19 丝、6 股 37 丝、6 股 61 丝等几种。在钢丝绳直径相同的情况下，绳股中的钢丝数愈多，钢丝的直径愈细，钢丝愈柔软，挠性也就愈好。但细钢丝捻制的绳没有较粗钢丝捻制的钢丝绳耐磨。

钢丝绳按绳芯不同可分为麻芯（棉芯）、石棉芯和金属芯三种。用浸油的麻或棉纱作绳芯的钢丝绳比较柔软、容易弯曲，同时浸过油的绳芯可以润滑钢丝，防止钢丝生锈又能减少钢丝间的摩擦，但不能受重压和在较高温度下工作。

（2）钢丝绳直径的测量方法

测量钢丝绳直径应用带有宽钳口的游标卡尺测量，其钳口的宽度要足以跨越两个相邻的股，如图 8-1 所示。

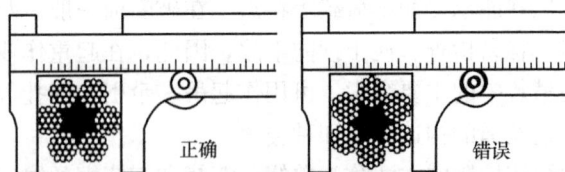

图 8-1　钢丝绳直径测量方法

测量应在无张力的情况下，距钢丝绳端头 15m 外的直线部位上进行，在相距至少 1m 的两截面上，并在同一截面互相垂直测取两个数值。用四个测量结果的平均值作为钢丝绳的实测直径。同一截面的测量结果的差与实测直径之比即为不圆度，钢丝绳的不圆度应不大于钢丝绳公称直径的 4%。

（3）钢丝绳的安全使用

为保证钢丝绳使用安全，必须在选用、操作维护方面应做到：

1）选用钢丝要合理，不准超负荷使用。

2）切断钢丝绳前应在切口处用细钢丝进行捆扎，以防止切断后绳头松散。切断钢丝绳时要防止钢丝碎屑飞起损伤眼睛。

3）在使用钢丝绳前，必须对钢丝绳进行详细检查，达到报废标准的应报废更新，严禁使用。

4）穿钢丝绳的滑轮边缘不得有破裂现象，钢丝绳与物体、设备或接触物的尖角直接接触处，应垫护板或木板，以防损伤钢丝绳。

5）要防止钢丝绳与电线、电缆线接触，避免电弧打坏钢丝绳或引起触电事故。

6）钢丝绳在卷筒上缠绕时，要逐圈紧密地排列整齐，不应错叠或离缝。

（4）钢丝绳的报废

钢丝绳在使用过程中会不断地磨损、弯曲、变形、锈蚀和断丝等，不能满足安全使用时应予报废，以免发生危险。《起重机钢丝绳保养、维护、安装、检验和报废》GB 5972 规定，钢丝绳达到以下情况时应报废：

1）钢丝绳的断丝达到规定值时应报废。

2）钢丝绳直径的磨损和腐蚀大于钢丝绳的直径 7%。

3）外层钢丝磨损达钢丝的 40%。

4）钢丝绳整股断裂。

5）受到电弧等高温烧伤。

6）钢丝绳产生以下塑性变形时应报废：

① 波浪形。

② 笼状畸变。

③ 绳股挤出。

④ 钢丝挤出。

⑤ 绳径局部增大或减小。

⑥ 局部压扁。

⑦ 扭结。

⑧ 弯折。

6. 链条

链条有片式链和焊接链之分：片式链条一般安装在设备中用来传递动力；焊接链是一种起重索具，常用来作起重吊装索具。这里只介绍焊接链条。

（1）焊接链的特点

焊接链挠性好，可以用较小直径的链轮和滑轮，因而减少了机构尺寸。对焊接链的缺点不可忽略，它弹性小，自重大，链环接触处易磨损，不能承受冲击载荷，运行速度低，安全性较差等。

当链条绕过链轮和滑轮时，链条中产生很大的弯曲应力，这个应力随 D（链轮和滑轮直径）与 d（链条元钢直径）之比 D/d 的减小而增大。因此要求：

人力驱动：$D \geqslant 20d$　　机械驱动：$D \geqslant 30d$

（2）链条的安全系数

根据《起重机械安全规程第 1 部分：总则》GB 6067.1—2010 标准，焊接环形链的安全系数应满足表 8-1 的要求。

焊接环形链安全系数

表 8-1

链条使用情况	链轮和滑轮		链轮		吊挂用（带小钩、小环等）
	手动	机动	手动	机动	
安全系数	3	6	4	8	5

（3）链条的材质和拉力计算

用作焊接环形的材料应有良好的可焊性及不应由于时效而变脆，一般应用《合金结构钢技术条件》YB6—71 中规定的 20Mn2 或 20MnV 钢制造。

接触链的破断拉力一般由链条制造厂提供。

（4）链条的检验与标志

焊接环形链必须认真按规定要求检验，应逐条进行 50％额定破断拉力检验，对合格的链条应签发合格证，并在链条下作出质量等级标志和检验标记。

质量等级标志：每隔 20 个链环长度或每米长度（两者中取小值）上，明显地压印或刻印质量等级的代号。

检验标记：由检验人员在链条上作出明显的检验标记。

（5）链条报废标准和安全使用

1）焊接环形链出现下述情况之一的应予报废：

① 裂纹。

② 链条发生塑性变形，伸长达原长度的 5%。

③ 链环直径磨损达原直径的 10%。

2）为确保链条的使用安全，应做到：

① 焊接链最宜于垂直起吊。

② 焊接链不要用在振动冲击量大的场合，不准超负荷使用。

③ 使用前应经常检查链条焊接触处，预防断裂与磨损。

④ 定期进行负荷试验。

⑤ 按链条报废标准进行报废更新。

7. 卸扣

卸扣又称卡环，它是附着式升降脚手架中用得广泛且较灵便的栓连工具，它与钢丝绳等索具配合使用，拆装方便。

（1）分类

卸扣按其外形分为直形和椭圆形两种，如图 8-2 所示。

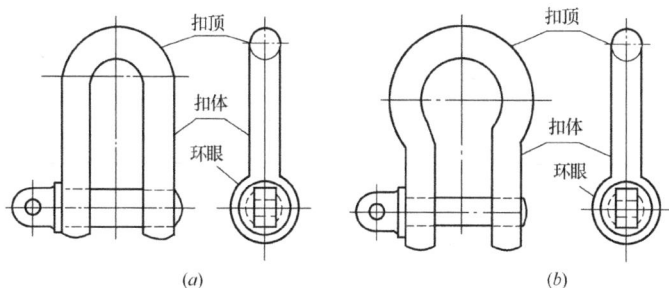

图 8-2　卸扣

（a）直形卸扣；（b）椭圆形卸扣

按活动销轴的形式分为销子式和螺栓式，如图 8-3 所示。常用的是螺栓式。

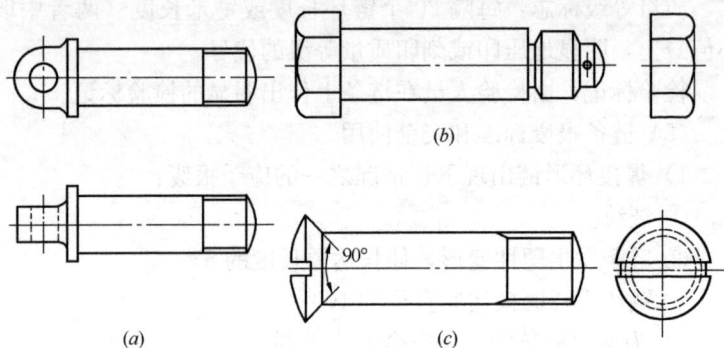

图 8-3　销轴的几种形式

(a) W形，带有环眼和台肩的螺纹销轴；(b) X形，
六角头螺栓、六角螺母和开口销；(c) Y形，沉头螺钉

(2) 安全技术要求

用于吊索、构件或吊环之间的连接，卸扣环体是用 A3、20 号、25 号钢锻制而成。常用的卡环一般采用 20 号钢做本体，45 号或 40 号钢做插销。使用中要求选用标准卸扣。

(3) 卸扣种类与许用拉力

卸扣许用拉力可查表求出，表 8-2 是螺栓式卸扣的主要尺寸和许用载荷一览表，螺栓式卸扣许用载荷可直接从表中查。

螺栓式卸扣的主要尺寸及许用载荷一揽表　　表 8-2

主要尺寸（mm）					许用载荷	钢丝绳直径
d	B	H	L	d_1	(t)	(mm)
6	12	49	34	8	0.25	4.7
8	16	63	45	10	0.4	6.5
10	20	72	54	12	0.6	8.5
12	24	87	66	16	0.9	9.5
14	28	102	75	18	1.25	11.0

76

主要尺寸（mm）					许用载荷	钢丝绳直径
d	B	H	L	d_1	（t）	（mm）
16	32	116	86	20	1.75	13.0
20	36	132	101	24	2.1	15.0
22	40	147	113	28	2.75	17.5
24	45	164	125	32	3.5	19.5
28	50	200	161	40	6.0	26
32	64	226	180	45	7.5	28
40	70	225	198	50	9.5	31
45	80	285	221	55	11.0	34
48	90	318	242	60	14.0	40.5
50	100	345	260	65	17.5	43.5
60	110	375	294	70	21.0	46.5

　　如发现卸扣有裂纹、加层皮、严重磨损或横轴弯曲等现象时，应停止使用，不得加温烤砸或施焊。在使用过程中，为防止横轴脱落掉下击伤人体和撞坏设备，要将横轴拴牢。

　　（4）卸扣使用安全要求

　　1）卸扣必须是锻造的，不能使用铸造和补焊的卸扣。

　　2）使用时不得超过规定的荷载，应使销轴与扣顶受力，不能横向受力。横向使用会造成扣体变形。

　　3）吊装时使用卸扣绑扎，在吊物起吊时应使扣顶在上，销轴在下，使绳扣受力后压紧销轴，销轴因受力，在销孔中产生摩擦力，使销轴不易脱出。

　　4）不得从高处往下抛掷卸扣，以防止卸扣落地碰撞变形或内部产生损伤及裂纹。

　　（5）卸扣的报废

　　卸扣出现以下情况之一时，应予以报废：

　　1）裂纹。

2）磨损达原尺寸的 10%。

3）本体变形达原尺寸的 10%。

4）横销变形达原尺寸的 5%。

5）螺栓坏扣或滑扣。

6）卸扣不能闭锁。

8. 吊钩

（1）分类

吊钩按制造方法可分为锻造吊钩和片式吊钩（俗称板钩）。锻造吊钩又可分为单钩和双钩。

单钩一般用于小起重量，双钩多用于较大的起重量。片式吊钩由若干片厚度不小于 20mm 钢板铆接而成，片式吊钩也有单钩和双钩之分，如图 8-4 所示。

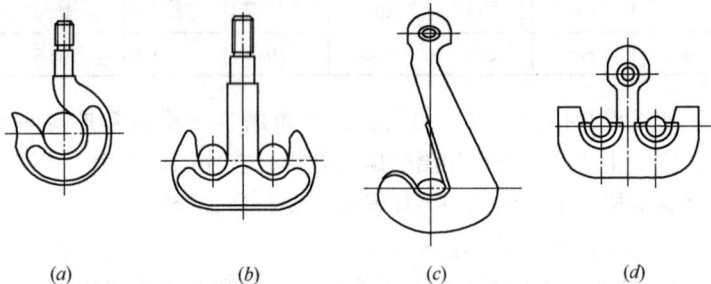

图 8-4　吊钩类型

（a）锻造单钩；（b）锻造双钩；（c）片式单钩；（d）片式双钩；

（2）吊钩的保险装置

吊钩必须装有可靠防脱棘爪（吊钩保险），防止工作时索具脱钩，如图 8-5 所示。

（3）吊钩的报废

吊钩禁止补焊，有下列情况之一的，应予以报废：

1）用 20 倍放大镜观察表面有裂纹。

2）钩尾和螺纹部分等危险截面及钩筋有永久性变形。

3）挂绳处截面磨损量超过原高度的 10%。

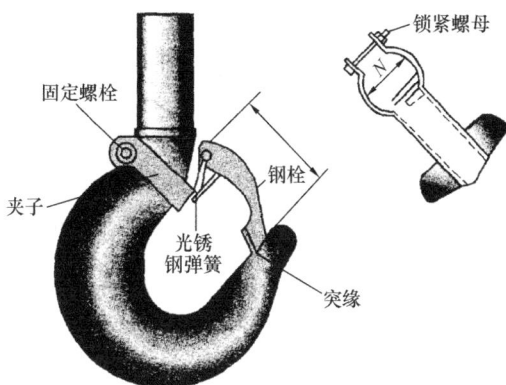

图 8-5 吊钩防脱棘爪

4）板钩心轴磨损量超过其直径的 5%。

5）板钩衬套磨损达原尺寸的 50%。

6）开口度比原尺寸增加 15%。

7）扭转变形超过 10°。

9. 手拉葫芦

本节主要讨论起重量为 0.5～20t、一般用途的带有二级正齿轮传动机构的 HS 葫芦的安全问题。

（1）一般安全要求

1）必须有质量合格证及使用维护说明书。

2）严禁超负荷起吊。

3）严禁将下吊钩回扣到起重链条上起吊重物。

4）不允许抛掷葫芦。

5）吊挂、捆绑用钢丝绳和链条的选用必须符合有关规定。

（2）操作葫芦注意事项

1）不允许用吊钩尖钩挂载荷。

2）起重链条不得扭转打结。

3）发现拉不动时，不得猛拉，更不得增加拉力，要立即停止使用，并检查重物是否与其他物体相连，重物是否超出了额定载荷，葫芦机件有无损坏。

4）操作过程中，严禁任何人在重物下行走或逗留。

（3）葫芦报废标准

葫芦主要零部件符合下列情况之一应予报废更新：

1）吊钩垂直断面高度磨损超过原尺寸的 10%。

2）吊钩开口度超过 15%（吊钩开口度的计算方法见 JB560.2）。

3）吊钩扭转变形超过 10%。

4）起重链条直径磨损超过 10%。

5）起重链条节距伸长超过 3%。

6）吊钩起重链条产生裂纹或其他有害缺陷。

7）摩擦片磨损超过 25%。

8）棘轮、棘爪和弹簧严重磨损或腐蚀。

第二节　架体结构组成

附着式升降脚手架主要由架体结构、附着支承结构、升降机构、安全保护装置及电气控制系统等五个部分组成。

1. 架体结构

（1）架体结构的功能

1）架体结构是附着式升降脚手架的主体，如图 8-6 所示。应具有足够的强度和适当的刚度，可承受架体的自重荷载、施工荷载和风荷载。

2）架体结构应沿建筑物施工层外围形成一个封闭的空间，并通过设置有效的安全防护，确保架体上操作人员的安全，防止高空坠物伤人事故的发生。

3）架体上应有适当的操作平台提供给施工人员操作和防护使用。

（2）架体结构的几何尺寸

1）架体结构的搭设高度 H 根据建筑物主体结构的层高和施

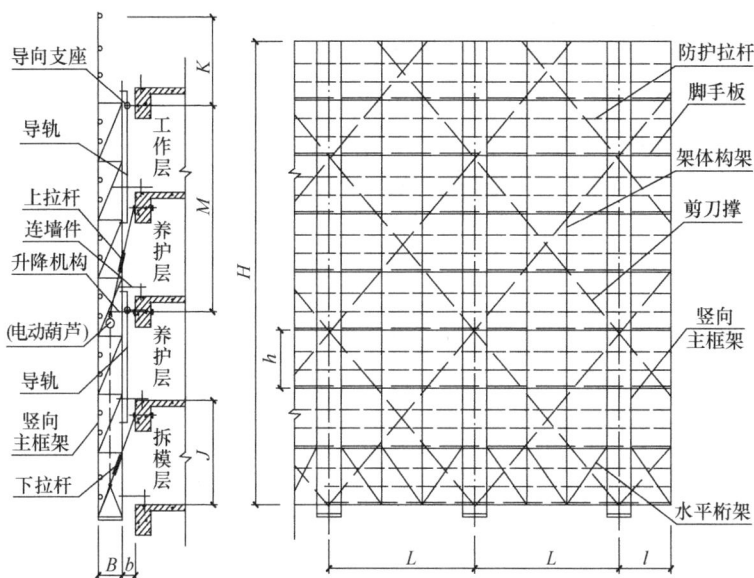

图 8-6 附着式升降脚手架结构示意图

工工艺而定，一般不得大于5倍的楼层高度。同时建筑物顶部施工层外围的防护高度（架体顶部至楼顶施工层面的垂直高度）应不小于1.5m。

2）架体结构为双排架，架体宽度B不大于1.2m，立杆纵距不宜大于1.5m，纵向水平杆步距h不宜小于1.8m。

3）直线布置的架体支承跨度L不得大于7m；折线或曲线布置的架体，相邻两竖向主框架支撑点处的架体外侧距离不得大于5.4m。

4）附着式升降脚手架架体的悬挑长度l不得大于2m，且不得大于1/2架体支承跨度。

5）升降和使用工况下，架体的悬臂高度k（最高附着点以上的高度）均不大得大于2/5架体高度H，且不得大于6m。

6）架体高度H与支承跨度L的乘积不得大于110m²。

（3）剪刀撑搭设要求

适用于钢管扣件搭设的附着式升降脚手架：

1）架体结构的外立面必须沿架体全高连续搭设剪刀撑，其水平夹角为 45°～60°，并应将竖向主框架、架体水平支承桁架和架体构架连成一体。

2）剪刀撑斜杆应与所覆盖架体构架上每个主节点的立杆或横向水平杆伸出端扣紧。

3）剪刀撑斜杆的接长应采用搭接，搭接长度不小于 1m，搭接处应采用三个旋转扣件扣紧。

（4）架体结构局部加强要求

架体结构在以下部位应采取可靠的加强构造措施：

1）与附着支承结构的连接处。

2）架体上提升机构的设置处。

3）架体上防坠、防倾装置的设置处。

4）架体吊拉点的设置处。

5）架体因碰到塔机、施工升降机、物料平台等设施而需要断开或开洞处。

6）架体的悬挑端及架体平面的转角处，应以竖向主框架为中心成对设置对称斜拉杆，其水平夹角应不小于 45°，如图 8-7 所示。

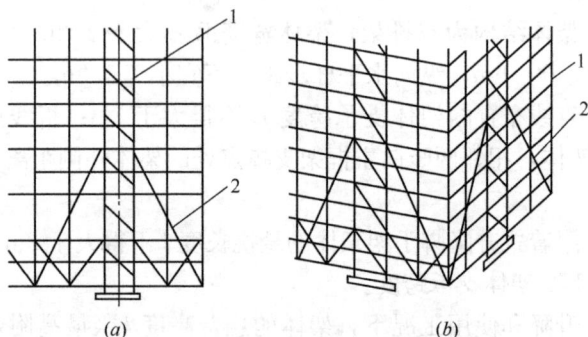

图 8-7　架体悬挑端、转角处的加固示意图

（a）悬挑架体加固；（b）转角架体加固

1—竖向主框架；2—对称斜拉杆

2. 架体结构组成

附着式升降脚手架的架体结构由竖向主框架、水平支承桁架和架体构架等三部分组成，如图 8-8 所示。

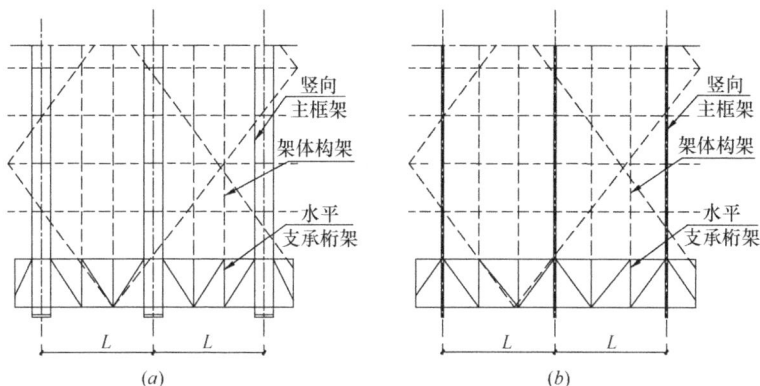

图 8-8　附着式升降脚手架架体结构示意图

(a) 格构式竖向主框架（中心提升式）；(b) 片式结构竖向主框架（偏心提升式）

（1）竖向主框架

1）构造要求：在附着支承结构处，沿架体全高设置的定型加强的桁架或刚架结构。竖向主框架是附着升降脚手架架体结构的主要传力构件，又称为"架体主框架"或"主框架"。架体竖向主框架与水平支承桁架和架体构架构成有足够强度的稳定结构。竖向主框架主要承受架体结构的竖向和水平荷载，并通过附着支承结构将荷载传递到建筑物主体结构上。竖向主框架垂直于建筑物外立面，一般采用焊接或采用螺栓、销轴连接，并不得使用钢管、扣件或碗扣架等脚手架杆件组装。

2）结构形式：竖向主框架一般采用型钢制作，且要考虑与架体构架搭设时的连接要求。竖向主框架。主要有片式框架结构、格构式框架结构等多种结构。

① 片式框架结构是垂直于墙面的片状桁架结构，如图 8-9 所示。片式框架结构的宽度为架体宽度，高度一般有单步和双步两种，片与片之间的接头形式有螺栓、销轴和法兰盘连接，且靠

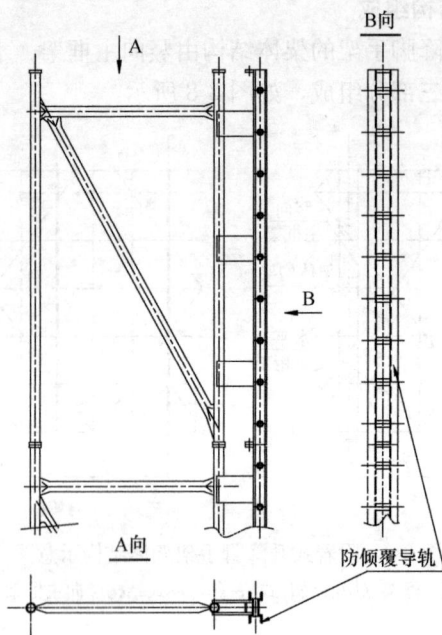

图 8-9　片式框架结构

近建筑物内立面设置有防倾覆导轨，片式竖向主框架主要用于导轨式附着升降脚手架。片式框架结构制作和运输较为方便，并可以按架体需要搭设的高度进行组合安装，但互换性要求较高。由于单件重量较轻，安装时不需要塔机等辅助设备配合，装拆容易且安全。

②　格构式框架结构是一种空间桁架结构，如图 8-10 所示，其特点是平行与墙面或垂直与墙面两个方向的架体刚度都要高于片式框架结构，这样有利于提高架体的承载能力。

分片组装型格构式框架结构将垂直于墙面的两个平面桁架片，通过横向连接杆和斜向连接杆，以及螺栓或销轴，连接成格构式空间桁架结构。分片组装型框架结构高度一般为两步高度，宽度是架体的宽度。分片组装型框架结构的桁架片和连接杆制作、运输较方便，装拆也不需要起重设备的配合。

（2）水平支承桁架

1）构造要求：水平支承桁架又称为"水平桁架"。水平支承桁架是位于架体底部竖向主框架之间，用于构造附着式升降脚手架架体的定型梁式桁架结构。水平支承桁架主要承受架体的自重荷载和施工荷载，并将上述竖向荷载传递至架体竖向主框架和附着支撑结构。

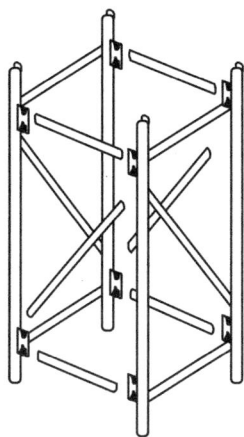

图 8-10　格构式框架结构

① 水平支承桁架应采用焊接或螺栓连接的形式，并能与其余架体构架连成整体。

② 水平桁架与竖向主框架连接处的斜腹杆宜设计（或搭设）成拉杆形式，如图 8-11 所示。

图 8-11　水平桁架斜杆搭设图

③ 内外两片水平支承桁架的上、下弦杆之间应设置水平支承杆件，且采用焊接或螺栓连接形式。

2）结构形式：水平支承桁架按其构造形式分为片式支承桁

架结构、组装式支承桁架结构。

① 片式支承桁架结构有单跨和多跨两种，其结构形式如图8-12所示。图中的跨度"B"是架体构架中的立杆纵距，"h"是支承桁架的步高，上下弦杆采用各种型钢或脚手架钢管焊接成，里外两榀片式桁架通过横向连杆连接成格构式框架。各片之间的连接以及与架体竖向主框架的连接采用法兰盘或销轴、螺栓连接。桁架立杆的上端焊有连接管，与架体构架连接。片式支承桁架结构的长度一般有多种规格，有的片式水平梁架结构在片与片之间采用可调节的纵向连接杆，这样就可以组装成不同的架体支撑跨度，以满足不同建筑结构的施工需要。片式支承桁架结构制作、运输和存放较为方便，安装时不需要起重设备的配合。

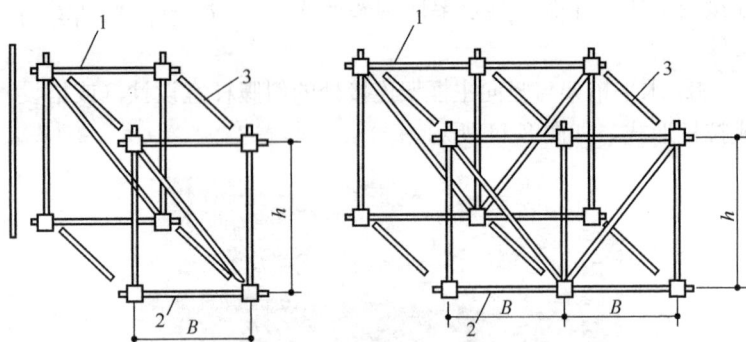

图 8-12　片式水平支承桁架结构
1—上弦杆；2—下弦杆；3—横向连杆

②组装式水平支承桁架结构是由立杆、纵向水平杆、横向水平杆、斜杆及连接件等零部件组成。立杆、纵向水平杆、横向水平杆和斜杆均采用 $\phi48\times3.5$ 脚手架钢管（或矩形钢管）制作，立杆两端焊接有耳板，其他杆件两端各有若干个孔，通过螺栓与立杆连接后形成空间桁架结构，如图8-13所示。

（3）架体构架

1）作用：架体构架又称为"架体板"或"架体"，是附着式升降脚手架的主体结构。架体构架是位于架体竖向主框架和架

图 8-13 组装式水平支承桁架结构

体水平支承桁架之间，并与两部分可靠连接的空间桁架结构，可将所承受的施工荷载和风荷载通过架体水平梁架、架体竖向主框架以及附着支承结构传递至建筑物主体结构。架体构架的作用主要是为建筑施工人员提供操作平台与安全防护。

2）结构形式：架体构架基本上采用拼装式结构，特点是便于堆放和运输，在施工现场组装、搭设快捷方便。架体构架一般有两种形式：一种采用钢管、扣件搭设；另一种是用钢管或矩形管加工成标准杆件，通过螺栓或销轴拼装成空间桁架结构（即为工具式脚手架）。架体构架的搭设应符合现行行业标准《建筑施工工具式脚手架安全技术规范》JGJ 202 规定。

3）架体安全防护要求：

① 架体的底部采用底板全封闭铺设。底板分为两种：一种是采用木工板（或脚手板），另一种是采用花纹钢板。后者抗冲击能力强，特别是防火性能优越。

② 在架体底部与建筑物外表面之间应设置可翻转的密封翻板，在架体使用工况下，将架体底部与建筑物外侧的所有空隙进

行封闭。翻板也分为两种：一种是采用木工板，另一种是采用花纹钢板。后者抗冲击能力强，特别是防火性能更优越。

③ 在每一作业层架体外侧采用防护网全封闭，并可靠地固定在架体上。外侧防护网及架体构架的搭设方式分为两种情况：一种是钢管扣件搭设的架体构架外侧应设置上、下两道防护栏杆（上杆高度 1.2m，下杆高度 0.6m）以及挡脚板（高度 0.18m），并采用密目式安全立网（网目密度不低于 2000 目/100cm²）；另一种是采用金属结构框架加有孔薄钢板（图 8-14）。后者抗冲击能力强，特别是防火性能优越。

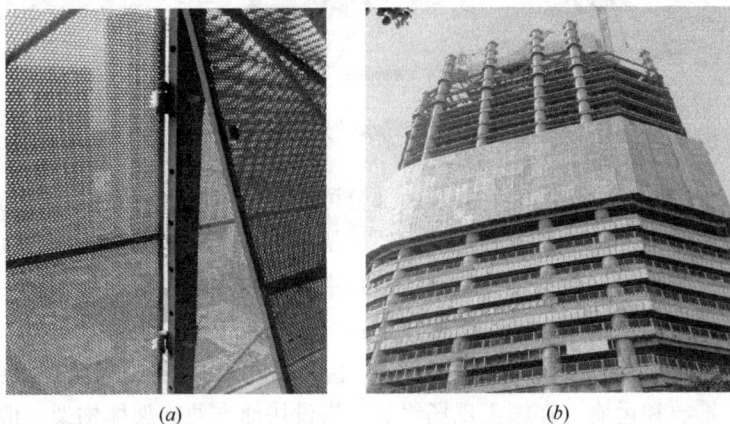

图 8-14　架体构架外围防护网图片
(a) 防护网内部；(b) 防护网外观图

④ 架体构架的各步应铺设脚手板并固定牢靠。脚手板及铺设方式分为两种：一种是采用钢管扣件搭设的架体构架在各步纵向中线上，按现行行业标准《建筑施工扣件式钢管脚手架安全技术规范》JGJ 130 的要求搭设纵向水平杆，并铺设竹笆片脚手板；另一种是采用型钢制作的框架并铺设金属网片的钢脚手板（图 8-15），钢脚手板通过螺栓与架体构架连接。后者的防火性能更优越。

⑤ 架体构架的断开处必须加设防护栏杆及斜杆加固，并用

图 8-15　金属网片脚手板铺设图片

防护网封闭。开口处应有可靠地防止人员及物料坠落的措施。

3. 附着支承结构

（1）附着支承结构的基本要求

1）使架体附着于建筑物上。附着式升降脚手架在升降工况或在固定使用工况下，均悬挂在建筑物外围，附着支承结构的作用是使架体在任何工况下都能可靠地附着于建筑物上，并将架体的自重荷载和施工荷载直接传至建筑结构。附着支承结构与架体竖向主框架连接，也是防倾覆装置、防坠落装置等安全保护装置和升降机构的安装之处。因此，附着支承结构是附着式升降脚手架中最重要的组成部分。

2）满足升降和固定使用的需要。附着式升降脚手架是一种移动式脚手架，它既能在固定状态下给建筑结构施工提供作业平台和安全围护，又能随着建筑结构的施工上下移动（升降），因此，各种类型的附着升降脚手架均有两套（或两套以上）附着支承结构，一套在架体固定状态下使用，另一套在架体提升状态时使用，两套附着支承结构均能独立承受架体的荷载。利用两套附着支承结构交替固定、轮流承载，并使用升降机构满足附着升降脚手架固定使用和升降两种工况的需要。

3）调整功能。附着支承结构应能适应各种不同的建筑主体结构类型，并具有对允许范围内施工误差的调整功能，以避免架体结构与附着支承结构出现过大的安装应力和变形。

4）附着支承结构应采用锚固螺栓与建筑物连接，受拉螺栓应采用双螺母紧固，或采用弹簧垫圈加单螺母，螺杆露出螺母端部的长度不应少于3扣，并不得少于10mm。

（2）附着支承结构的分类及形式

附着支承结构的主要结构形式有导座式、吊拉式两种形式（图8-16），其他形式是由上述基本结构形式扩展与组合而成。

1）导座式附着支承结构由导轨、提升导座和顶撑杆等结构件组成［图8-16（a）］，导轨和架体连接在一起，穿墙螺栓将提

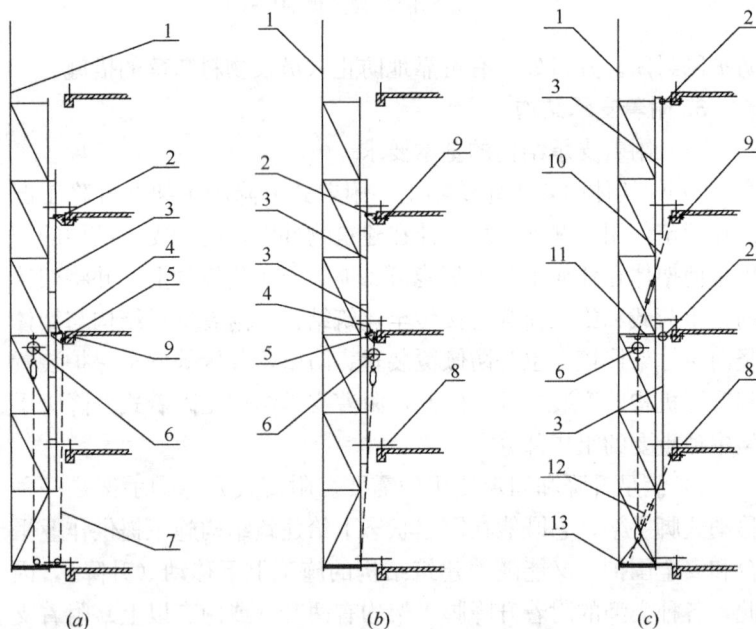

图 8-16　附着支承结构安装示意图

（a）导座式（1）；（b）导座式（2）；（c）吊拉式

1—架体；2—导座；3—导轨；4—顶撑杆；5—提升导座；6—升降机构；7—钢丝绳；
8—连墙件；9—穿墙螺栓；10—上拉杆；11—提升钢梁；12—下拉杆；13—底盘

90

升导座固定在建筑物结构上。提升设备有两种安装方式：

① 提升设备悬挂在竖向主框架内，钢丝绳的一端与提升设备连接，另一端通过架体下部的滑轮连接在墙体上的提升导座处。架体使用工况中，顶撑杆将导轨（即架体）固定在导座上，架体的荷载通过导轨、顶撑杆和导座传递到建筑物结构上。升降工况下，架体的重量由提升设备通过钢丝绳传递到提升导座再传递到建筑物结构上。

② 提升设备安装在提升导座上，提升点直接设置在架体底部内侧［图 8-16 (b)］。

2）吊拉式附着支承结构由上、下两套附着支承结构组成［图 8-16 (c)］。底部一套附着支承结构由底盘、下拉杆和穿墙螺栓组成；上面一套附着支承结构由提升钢梁、上拉杆和穿墙螺栓组成。底盘是架体的主要承力构件，用型钢组焊成。底盘边框上焊有耳板，可以安装下拉杆。提升钢梁是从建筑物边梁或外墙面上挑伸出来的承力构件，由型钢制作。提升钢梁的内端用穿墙螺栓固定在外墙体或边梁上，外端焊有耳板，通过上拉杆及穿墙螺栓与外墙体连接。上下拉杆加工有左（右）旋螺纹，中间是花篮螺栓，可调节拉杆长度。架体在固定使用工况中，架体荷载通过底盘、下拉杆穿墙螺栓传递到建筑物结构上；升降工况中，下拉杆拆除，架体的荷载由底盘、承力架吊杆、提升机构、提升钢梁、上拉杆及穿墙螺栓传递到建筑物结构上。

4. 升降机构

（1）升降机构的基本要求

1）每个竖向主框架处均应设置升降机构，升降机构应与建筑结构和架体可靠连接。

2）升降机构应满足附着式升降脚手架在升降工况下的工作性能要求。

3）架体上升降吊点（或机位）超过两个点时，不得使用手拉葫芦。

（2）升降机构的分类及形式

升降机构主要有手拉环链葫芦、电动环链葫芦、电动卷扬机和液压提升设备等多种形式。

1）手拉环链葫芦是一种以焊接环链为挠性承重件的手动起重机具，因其易于操作、使用方便、价格便宜，在起重行业沿用多年。工程中一般采用5～10t手拉环链葫芦作为附着升降脚手架升降机构。手拉环链葫芦的构造及传动形式有多种，目前使用较多的有二级正齿轮式、行星齿轮式及摆线针轮式手拉葫芦。二级正齿轮式手拉葫芦使用较多，其结构如图8-17所示。

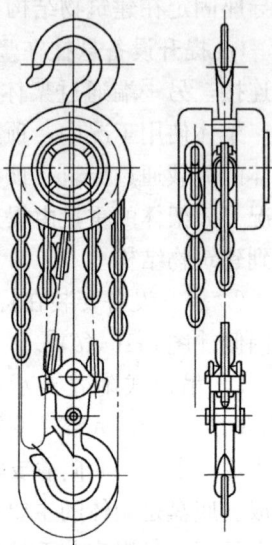

图 8-17　手拉环链葫芦
外形图

2）电动环链葫芦是手拉环链葫芦拆除手拉链轮和手拉链条等零部件，增加电动机和减速器后改装而成的电动起重机具，如图 8-18

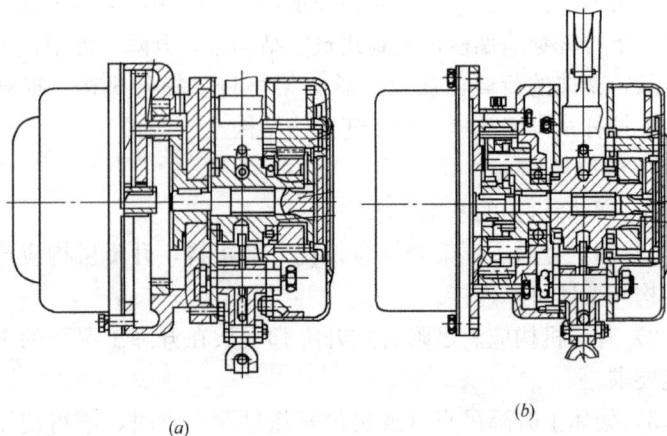

(a)

(b)

图 8-18　电动环链葫芦结构图
（a）行星齿轮减速器；（b）摆线针轮减速器

所示。改装减速器一般采用行星齿轮减速器或摆线针轮减速器（或采用变速轴承减速器）。电动环链葫芦运行平稳，制动灵敏可靠，升降速度一般在 0.08~0.15m/min 左右，可实现机群同时使用时的电控操作，安装、使用操作方便，使用范围较广。因电动环链葫芦的改装设计仍以手拉环链葫芦为基础，所以仍存在着与手拉环链葫芦基本相同的问题，如铰链、翻链、断链和断轴等诸多问题，需要在使用中加强检查和维修。

3）电动卷扬机其特点是采用钢丝绳提升，结构简单，架体每次升降的高度较大，升降速度也较快。电动卷扬机一般采用直齿轮或斜齿轮传动减速器，因其体积和重量较大，安装位置不易布置，在附着升降脚手架中应用较少。有的升降机构采用电动葫芦式卷扬机，卷扬机安装在吊拉式附着升降脚手架的悬臂梁上（又称为上置式卷扬机），见图 8-19。该升降机构由上拉杆、电动葫芦式卷扬机、悬臂梁架、滑轮组组成。悬臂梁架由型钢焊接而成，滑轮组由 4 套定滑轮和动滑轮组成，升降速度为 0.05~0.075m/min。上置式卷扬机在架体升降后，悬挑梁架移位安装难度大，安装不方便。

有的升降机构采用将高速比的行星减速器放入卷筒内的钢丝绳卷扬机，并将卷扬机安装在吊拉式附着升降脚手架竖向主框架的底部（又称为下置式卷扬机），如图 8-20 所示。卷扬机随架体一起升降，移动悬臂梁时，只需要放松或收紧钢丝绳即可。这种电动卷扬机解决了齿轮传动卷扬机体积较大、笨重和上置式卷扬机安装操作不方便等问题，卷扬机一次性安装后随架体升降，避免了每次提升后反复安装，提高了功

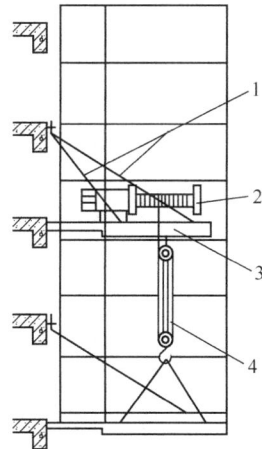

图 8-19　上置式卷扬机安装简图
1—上拉杆 2—电动葫芦式卷扬机；3—悬臂梁架；4—滑轮组

效，降低了操作工人的劳动强度。

4）液压提升设备的特点是架体升降平稳，安全可靠，整体升降同步性能较好。液压提升设备有两种形式：

①一种形式使用于吊拉式附着升降脚手架，由动力系统和提升机构两部分组成。动力系统有液压控制台、各种管路和阀门；提升机构使用的是穿心式液压千斤顶和节状支承杆，穿心式液压千斤顶安装在架体底部每个机位处承力架（底盘）上，节状支承杆的上部固定在悬臂梁上，下部穿过液压千斤顶，见图 8-21。启动穿心式液压千斤顶，可使架体沿节状支承杆逐节上升（下降），实现分段或整体提升。

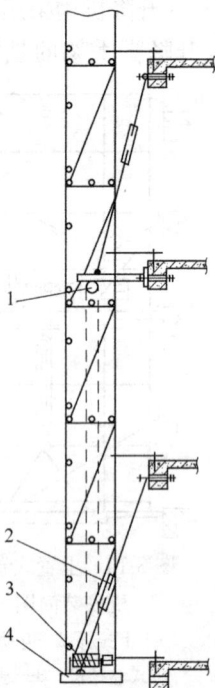

图 8-20　下置式卷扬
机安装简图

1—滑轮组；2—下拉杆；
3—行星减速器式卷扬机；4—底架

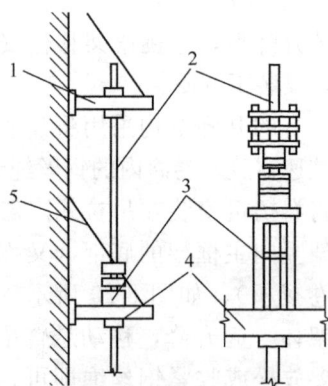

图 8-21　穿心式液压千斤顶安装图

1—悬臂梁；2—节状支承杆；

3—穿心式液压千斤顶；

4—底盘；5—上下拉杆

②液压提升设备的另一种形式主要使用于导轨式附着升降脚手架，仍由动力系统和提升机构两部分组成。液压动力系统与前一种提升设备相同，由液压控制台、各种管路和阀门组成；提升机构参考塔式起重机液压顶升装置，采用的是可移装的液压千斤顶，主要由液压油缸和活塞杆组成，如图8-22所示。油缸行程为450mm，顶升速度为0.2m/min。架体顶升时，液压油缸通过提升导向架用锁销与固定的导轨连接，由伸出的油缸顶升架体，每顶升一个行程后，用限位锁将架体固定在导轨上，拆除锁销，使油缸恢复原位，然后开始下一个顶升行程。

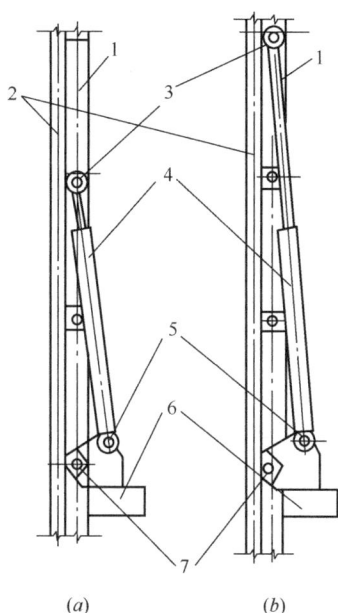

图 8-22　油缸式顶升机构结构图
(a) 顶升前；(b) 顶升后
1—导轨；2—架体竖向主框架；3—活塞销；4—液压油缸；5—油缸销；6—提升导向架；7—升降锁销

5. 安全保护装置

附着式升降脚手架应具有可靠的防倾覆装置、防坠落装置和荷载控制系统。

（1）防倾覆装置

防倾覆装置是附着式升降脚手架必不可少的安全保护装置，其作用是防止架体在升降和使用过程中发生倾覆，并控制架体与建筑物外墙面之间的距离保持不变。

1）防倾覆装置的工作原理。附着式升降脚手架受到若干个固定点的水平约束，使架体在升降工况下只能保持沿着固定点上下运动；在固定状态下与建筑物之间的距离保持不变，而且架体的水平荷载由这些固定点传递到建筑结构上。这些固定点及沿固定点运动的部件，形成了附着式升降脚手架的防倾覆装置。

2）产生架体倾覆力的主要原因有以下几种：

① 提升工况下，提升吊点的位置与架体重心不重合而产生的偏心力矩，是架体产生倾覆力的最主要原因。导座式附着式升降脚手架在提升工况时，架体处于偏心提升（图 8-16a、8-16b），架体产生的偏心力矩要大于中心提升的吊拉式附着升降脚手架。

② 架体上施工荷载不均匀且位置在不断变化，造成架体重心向里或向外偏移，使架体产生向里或向外倾覆的趋势。

③ 架体在升降和使用过程中处于高空悬空状态，由风荷载产生的水平力对架体产生倾覆力。

④ 架体机位平面布置不当，可造成整个架体重心偏移，如多个机位连成整片后，整个架体的重心位置取决于建筑物外形变化以及提升吊点的安装位置。图 8-23 中（a）（c），曲线或折线布置的架体重心向外偏移，易造成该段架体向外倾覆；图 8-23 中（b），架体重心向内偏移，易造成该段架体向里倾覆。

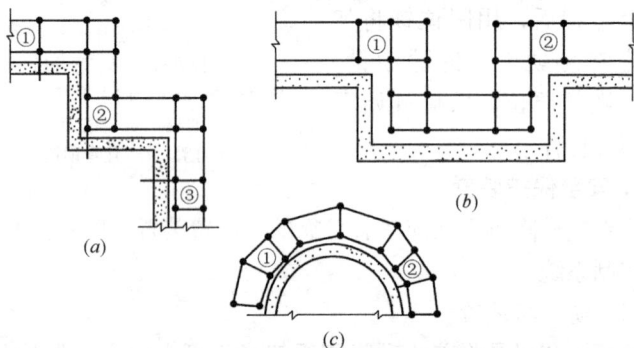

图 8-23 非直线状况架体布置图
(a) 凸折线布置；(b) 凹折线布置；(c) 曲线布置
①、②、③—提升吊点的位置

3）防倾覆装置应满足以下基本要求：

① 升降和使用工况中，防倾覆装置均能形成可靠的水平约束。

② 防倾覆装置必须与架体竖向主框架、附着支承结构或建筑工程结构可靠连接。

③ 防倾覆装置应采用螺栓与竖向主框架或附着支承结构连接，不得采用钢管扣件或碗扣方式连接。

④ 在升降和使用工况下，位于同一竖向平面的防倾覆装置不得少于两处，并且其最上和最下一个防倾覆支承点之间的最小距离不得小于 2.8m 或架体高度的 1/4。

⑤ 防倾覆装置的导向间隙应小于 5mm。

⑥ 在升降过程中，应能保持架体垂直上下运动，且不能发生碰擦其他结构件的现象。

4）防倾覆装置的分类

根据防倾覆装置的工作原理，防倾覆装置主要由导轨和约束装置（约束点）组成，其结构形式可分为以下几种类型：

① 套环式防倾覆装置由导轨和套环组成。导轨为圆形钢管或矩形钢管，钢管两头有安装孔，通过导轨支座固定在竖向主框架的立杆上。套环可在导轨的全程上下移动，并使用穿墙螺栓固定在外墙结构上，如图 8-24 所示。

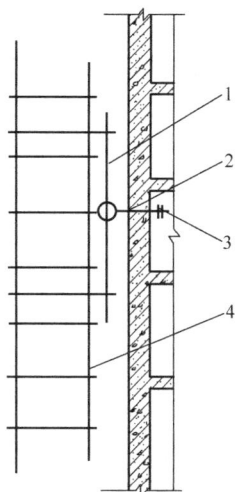

图 8-24 套环式防倾覆
装置安装简图
1—导轨；2—套环；
3—穿墙螺栓；4—架体

套环有多种形式，如图 8-25 所示。图 8-25（a）是采用粗钢筋弯曲后焊接在底板上，底板开有长槽孔，便于安装锚固螺栓。这种结构简单，制作方便，主要用于圆形钢管导轨。因钢筋的刚度较差，套环离开外墙距离 h 不宜过大，否则受力后易产生变形。图 8-25（b）的套环形式主要用于

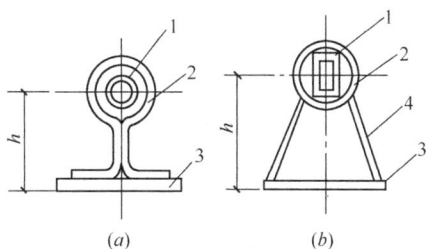

图 8-25　套环式防倾覆装置结构图
(a) 钢筋环形式；(b) 矩形管形式
1—导轨；2—套环；3—底板；4—加强板

导轨为矩形管。套环的前端采用内径大于矩形管截面对角线的钢管，壁厚 8mm 左右，钢管的长度一般为 60～80mm，钢管的两侧通过加强板与底板焊接，底板同样开有长槽孔。由于钢管有一定的高度并有加强板，因此钢管式套环的刚度比钢筋式要好，但在与导轨的运动过程中摩擦阻力较大。

上述防倾覆装置存在导轨刚度差，受约束点的水平力后变形较大的问题。由于套环包容在导轨的周围上下运动，在两者相对运动的范围内，不允许导轨表面有阻碍运动的障碍物，因此无法增加导轨的水平支撑点。套环与导轨相对运动的范围是一层楼层高度，一般在 3m 左右，有时高达 5m 以上。在这种情况下，导轨两端支撑点的距离较大，中间又无法增加支撑点，导致导轨刚度降低，升降过程中架体垂直度偏移量大，同时也加大了支撑点的水平分力。

② 导轮式防倾覆装置由导轮、导轮支架及导轨组成，导轨和导轮有多种形式，见图 8-26。图 8-26（a）中导轮支架使用穿墙螺栓固定在建筑物外围梁或剪力墙上。导轮用螺栓与导轮支架连接，二者可在一定的范围内前后、左右移动，以调节导轨与外墙之间的距离，且可消除因穿墙螺栓预理孔位置不准而产生的安装应力。导轨由工字钢制成，用多道 U 形螺栓固定在架体竖向主框架的立柱上；架体升降时，导轮固定不动，导轨随架体一起运动，导轮嵌入工字型导轨腹板两侧，限制导轨（即架体）只能沿着导轮上下运动，防止架体倾覆和偏斜。图 8-26（b）中导轨由槽钢组成，通过连墙支座和连墙挂板固定在建筑物墙体上，导轮支架呈凹形抓钩结构，安装在架体竖向主框架的立杆上，导轮安装在导轮支架的里口，从两侧夹住导轨。架体升降时，导轨固定在墙体上不动，导轮支架（即架体）受到导轨的水平约束，只能沿着导轨上下运动；该装置在使用过程中，对导轨的安装精度要求高，导轨固定在墙体上，重量较大，移层安装困难。图 8-26（c）中的导轨由 2 根竖向钢管和多根水平连接杆与架体竖向主框架固定连接在一起，其断面呈 T 形。穿墙螺栓将导轮支架固定

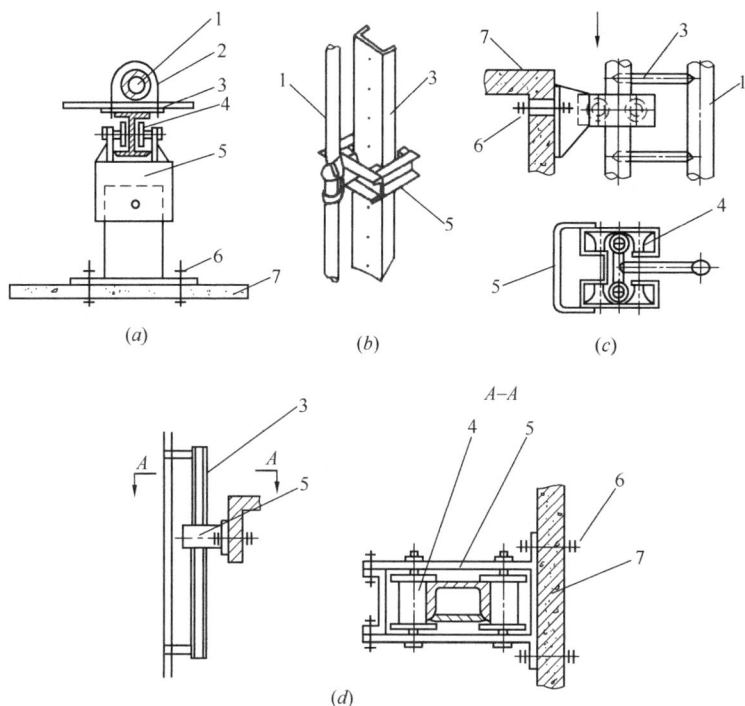

图 8-26 导轨滚轮防倾覆装置

(a) 工字钢轨道；(b) 槽钢轨道（固定式）；(c) T 形轨道；(d) 槽钢轨道（移动式）

1—竖向主框架；2—U 形螺栓；3—导轨；4—导轮；5—导轮支架；

6—穿墙螺栓；7—建筑物

在建筑结构上，导轮支架中设有 4 个导轮组成导向套，组装时将导轨的双钢管穿入导向套中，形成滑套连接。架体升降过程中，导轮支架固定不动，和架体连成一体的导轨沿着导轮上下运动。由于导轨采用了双钢管，并且有多道连接杆与架体连接，导轨的刚度较好，导轨受力后变形量小，但整个装置的结构复杂，制作安装的要求较高。图 8-26（d）中导轨采用槽钢加封板的形式，导轨通过支架与架体竖向主框架连接，导轮支架通过锚固螺栓固定在建筑物结构上；导轮从两面夹住导轨，限制导轨（即架体）

只能上下运动，起到防倾覆作用。脚手架升降时，导轮支架固定，导轨随架体上下运动。

（2）防坠落装置

防坠落装置是附着升降脚手架在升降或使用过程中发生意外坠落时的制动装置。

1）架体产生坠落事故的主要原因：

① 升降中升降机构的制动装置失灵；链条、钢丝绳断裂；吊钩断裂。

② 升降中升降机构的固定点和提升点处钢结构破坏，架体变形失稳，波及其他提升点，形成连锁反应。

③ 在架体发生意外时，防坠落装置未能及时产生闭锁作用。

④ 建筑物外墙表面的障碍物未清理，阻碍架体升降，又未及时发现，造成升降机构或架体超载损坏，引发事故。

⑤ 附着支承结构在墙体的连接点处混凝土强度不够，或穿墙螺栓强度不够。

⑥ 架体整体提升时，同步性控制不好，相邻机位产生过大的高低差，架体局部内力过大，造成架体破坏。

⑦ 违反操作规程，架体荷载超重。

2）防坠落装置的基本要求：

① 应有足够的强度和刚度，能承受架体坠落时产生的冲击荷载。

② 制动灵敏，安全可靠。从架体发生坠落、防坠落装置动作，到架体被制动停住时架体下落的距离称为坠落制动距离 h。对于整体式附着升降脚手架 $h \leqslant 80\text{mm}$，对于单片式附着升降脚手架 $h \leqslant 150\text{mm}$。在架体发生坠落时，防坠落装置应具有足够的制动力，将架体牢固制动。

③ 每一个竖向主框架提升设备处必须设置不少于一个防坠落装置，防坠落装置在架体使用和升降工况下都必须起作用。

④ 防坠落装置与升降机构应分别设置在两套附着支承结构上，若升降机构的附着支承结构失效，防坠落装置的附着支承结

构必须能独立承担全部坠落荷载。

⑤ 防坠落装置应具有防尘、防污染的措施，并应灵敏可靠、运转自如。

3）防坠落装置主要有以下几种结构形式：

① 楔钳式防坠落装置是一种机位载荷监视装置，主要用于吊拉式附着升降脚手架。楔钳式防坠落器安装在底盘上，防坠吊杆的上端与升降钢梁处的防坠落钢梁连接，下端从防坠落装置楔块组中穿过，如图 8-27 所示。架体提升时防坠器随架体上下运

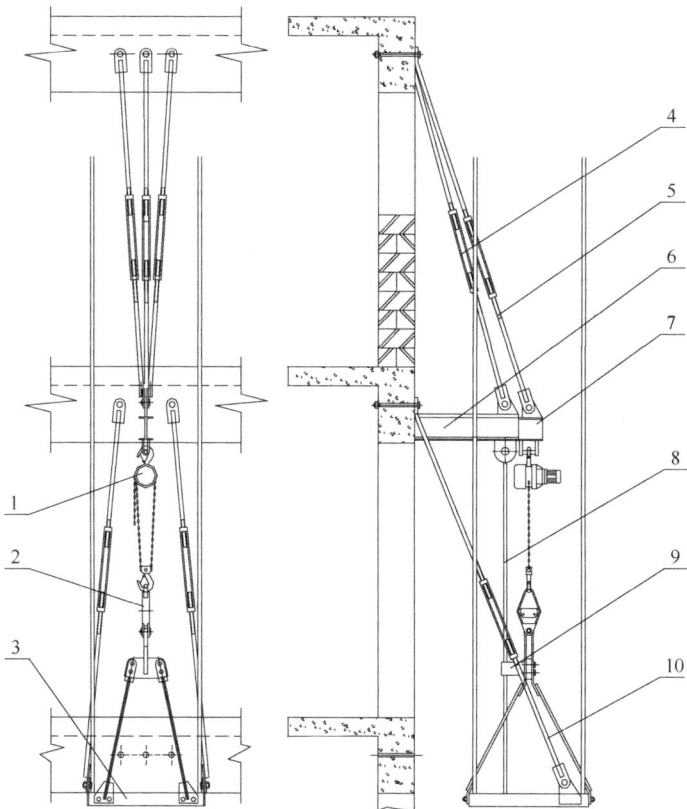

图 8-27 楔钳式防坠落装置安装图
1—电动环链葫芦；2—载荷传感器；3—底盘；4—防坠落拉杆；5—上拉杆；
6—防坠落钢梁；7—升降钢梁；8—防坠吊杆；9—防坠器；10—下拉杆

动，而防坠吊杆则固定在防坠落钢梁上不动。其工作原理是利用起升荷载的重力与弹簧的平衡，使安全器处于"开启"的平衡状态，一旦平衡被破坏，则立即转换为"制动"状态，从而制止架体的坠落。脚手架正常升降时，电动葫芦受力后向上拉动吊板，压杆根部抬起，前端向下推动楔块组并拉伸弹簧，楔块组沿锥面向下滑动，同时钳口张开，防坠吊杆可从钳口中穿行，防坠器呈"开启"状态，如图 8-28（a）所示；当提升装置失效，架体发生坠落时，吊板的拉力消失，弹簧收缩且拉动托盘向上，同时推动楔块组向上滑动并咬合防坠杆，防坠器进入"制动"状态，如图 8-28（b）所示。此时脚手架的重力通过防坠吊杆传递到建筑结构上。上述防坠落装置的特点是防坠落动作迅速，架体坠落下降距离小，对架体的冲击力较小。

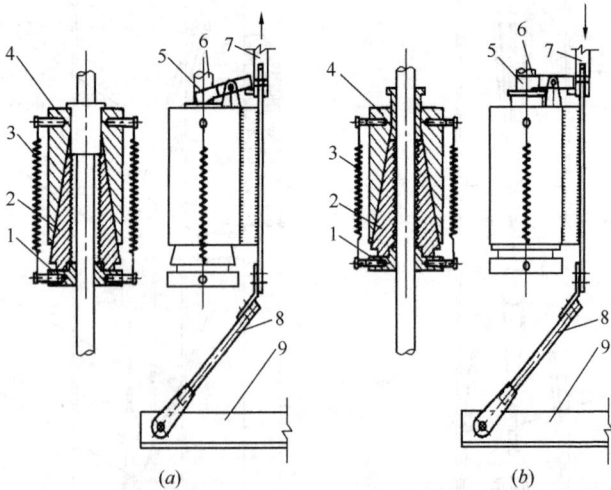

图 8-28　楔钳式防坠器结构及工作原理图

（a）开启状态；（b）制动状态

1—托盘；2—楔钳；3—拉簧；4—壳体；5—压杆；
6—防坠吊杆；7—吊板；8—底盘拉杆；9—底盘

　　② 摆针式防坠落装置由支座、摆针和导轨等组成，如图8-29所示。支座上焊有挡块；摆针呈凹型分上、下齿，通过销轴

与支座连接，并装有拉力弹簧；导轨上等距离焊有挡杆。支座安装在墙体上，导轨随架体一起升降。当架体提升时，导轨上的挡管不断推动摆针逆时针转动，防坠落装置不影响架体的正常提升［图 8-30（a）］；架体下降时，挡管挤压摆针的下齿，摆针顺时针转动［图 8-30（b）］；挡管通过后，由于架体的下降速度较慢，且两个相邻挡管之间的空档 H 大于上下齿的距离 h ，因此在下一个挡管未落下来之前，摆针在拉簧的作用下迅速恢复到平衡状态［图 8-30（c）］，架体可以正常下降；当架体快速坠落时，摆针复位的速度滞后于架体下落速度，上齿挡住了挡管的下落，即架体停止坠落［图 8-30（d）］。该装置在架体坠落时不能立即制动，往往需要下落一定距离才能起到防坠作用，对架体冲击力较大。

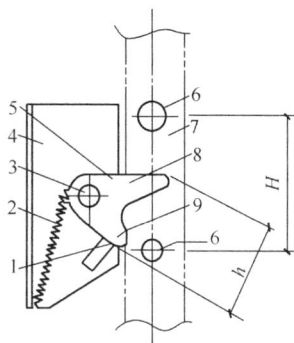

图 8-29　摆针式防坠落
装置结构示意图

1—挡块；2—拉簧；3—销轴；
4—支座；5—摆针；6—挡管；
7—导轨；8—上齿；9—下齿

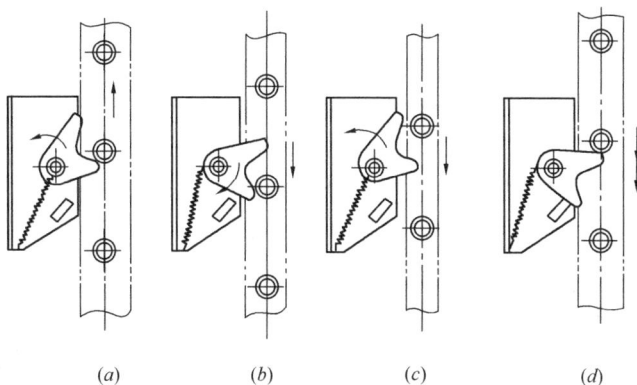

(a)　　　　(b)　　　　(c)　　　　(d)

图 8-30　摆针式防坠落装置工作原理

（a）上升；（b）匀速下降过下齿；

（c）匀速下降过上齿；（d）快速坠落、上齿阻挡

103

（3）架体荷载同步升降控制系统

1）使用架体荷载同步升降控制系统的重要性及其作用。

① 机位升降不同步。由于附着式升降脚手架是一个巨大的桁架结构，架体刚度大，各机位间很小的升降差对各个机位的荷载影响很大。架体升降中，各台升降机构的荷载与提升速度不可能完全一致，这样必定会造成整体结构的微小变形，而引起其内部应力的重新分布。随着各机位升降差的增大，架体结构附加应力增加很快。当这些附加应力超过脚手架杆件材料的承载极限值时，就会造成架体结构的破坏、坠落，引发重大安全事故。为了避免上述情况的发生，要求脚手架在升降过程中，各机位升降高度差应控制在一定范围内。通过使用架体荷载同步控制系统，可有效地达到上述要求。

② 荷载超限。整体升降脚手架架体搭设高达 4～5 层楼层高度，覆盖面积大，架体升降过程中很可能碰到外墙突出部位或其他障碍物，造成该部位架体荷载不断增加。此时如不能及时停止升降，必定会导致架体结构承载超过极限，产生严重变形，最终造成脚手架的整体坍塌。因此在架体升降过程中，必须对各机位的实时荷载进行监控，并提醒操作者注意。如果某个机位的荷载达到了该点的设定值，则能立即断电，所有升降机构停止升降，在查明原因并排除故障后，方可继续运行。另外，施工误差与导轨变形也会使机位的荷载增加。

2）架体荷载同步升降控制系统的基本要求。

① 通过控制各升降机构之间的水平高差，以及控制各升降机构的荷载来控制各提升机位的同步性。

② 应具备超载 15%自动报警；超载 30%自动停机；欠载报警等功能。

③ 当水平支承桁架相邻两机位高差达到 30mm 时，应能自动停机。

④ 性能应可靠、稳定，控制精度应在 5%以内。

3）架体荷载同步升降控制系统的分类。

对于电动环链葫芦、电动卷扬机和液压提升设备等不同类型的升降机构,可采取多种类型的架体同步升降及荷载监控系统,其中有"极限荷载控制法""荷载增量控制法""荷载智能控制法"等几种控制方法。

① 极限荷载控制法:采用一种"机位荷载预警系统",主要用于吊拉式附着升降脚手架,该系统由载荷传感器、中继站和自动检测显示仪三部分组成,如图 8-31 所示。在每个电动葫芦与机位之间串联安装一个机械式载荷传感器。每四只载荷传感器为一组并联至中继站,各中继站用一根电源线与信号线合一的多芯电缆线串联连接至自动检测显示仪。由自动检测显示仪向中继站每秒钟发出一组扫描脉冲信号,并接收各中继站的反馈信号,进行检测、显示。当任意一个机位的荷载超出允许荷载的上限值(如 50kN)或低于允许荷载的下限值(如 10kN)时,该机位上

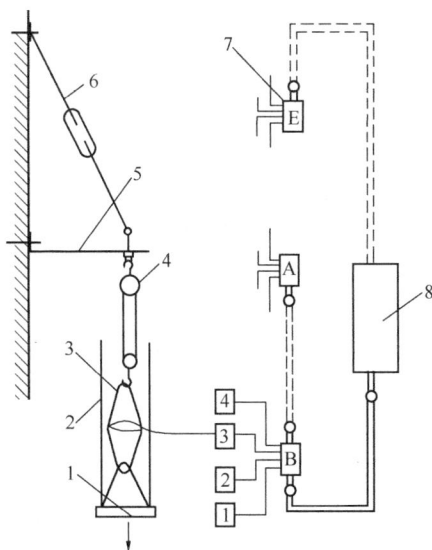

图 8-31　机位荷载预警系统示意图

1—底盘;2—架体;3—载荷传感器;4—上拉杆;5—升降钢梁;6—电动葫芦;7—中继站;8—自动检测显示仪

的载荷传感器立即向总电气控制台发出预警信号，指示异常机位位置与异常情况类型，切断总电源，使整体脚手架停止升降，并发出声、光报警信号。自动检测显示仪面板上每个机位有一个红、黄、绿变光显示灯，当机位荷载超出上限值时，灯光显示红色，表示机位超载；当机位荷载低于下值时，灯光显示黄色，表示机位欠载；当机位荷载在上限值与下限值之间时，灯光显示绿色，表示正常。操作人员通过面板上各机位显示灯的颜色和警示标记，可了解所有机位的受力状况，并能及时找出故障机位的位置。而且故障必须经排除后，架体才能正常升降。该控制方法简单、实用，但在预先标定的上下限载范围内不能直接调节控制荷载，同步控制精度不高。

② 荷载增量控制法：采用一种"荷载增量监控系统"，该系统主要由多种芯片组成的可编程控制器（CPU）、控制电动葫芦转、停和正反转的继电器、对升降位移信号采样的"霍尔传感器"、对荷载应力检测使用电容式压力传感器以及在控制系统中与各个机位连接采用"9芯"屏蔽导线组成，其电路图如图8-32所示。该系统的操作过程如下：

a. 确定架体初始位置和荷载极限。系统启动前自动保存各吊点的初始位置，并设定各吊点的荷载上、下限值。

b. 实际检测和显示。架体升降过程中，系统不断地自动检测各吊点的实际升降距离，以及实时荷载状况，并及时显示各吊点间的最大升降高度差和距离上下荷载报警值最接近的吊点状况。

c. 高差控制。架体运行过程中，当任意两个吊点间的升降运行高度差达到控制值时（如30mm），产生声、光报警信号，并按照预先设定值自动校正。自动停止运行最快的升降机构，并以该吊点的当前位置为标准，继续升降其他吊点，直到所有吊点都处于标准位置为止，然后自动整体启动升降机构继续升降。

d. 荷载控制。架体升降过程中，系统若发现某吊点的实际荷载超过该点设置的荷载上下限值，则停止所有升降机构并发出

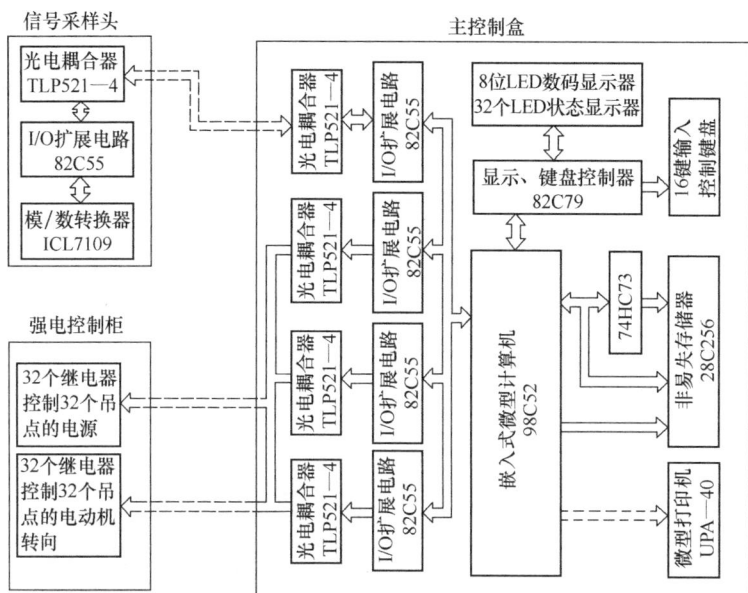

图 8-32　荷载增量监控系统电路方框图

声光报警信号。待故障排除后报警停止，系统可继续运行。只要不出现荷载超值或高度差越界，架体将继续升降，一直运行到设定的高度为止（一般为一个楼层高度）。

③荷载智能控制法：

控制系统由单片微型计算机、主控箱、分控箱、测力传感器、电缆线及插头等组成，如图 8-33 所示。

系统采用三种控制方法：计算机控制、遥控控制以及手动控制。

a. 计算机控制：需要计算机控制时，将通讯航空插头插入主控箱插座，起动计算机控制程序，通过计算机面板的选择操作来控制脚手架整体升降，或单机位、多机位的局部调整。

b. 遥控控制：需要遥控控制时，将主控箱面板上的旋钮开关转到自动挡，操作人员在楼面通过主遥控器远距离操作主控箱，实现脚手架上升、下降、停机等动作。辅助操作人员在巡回

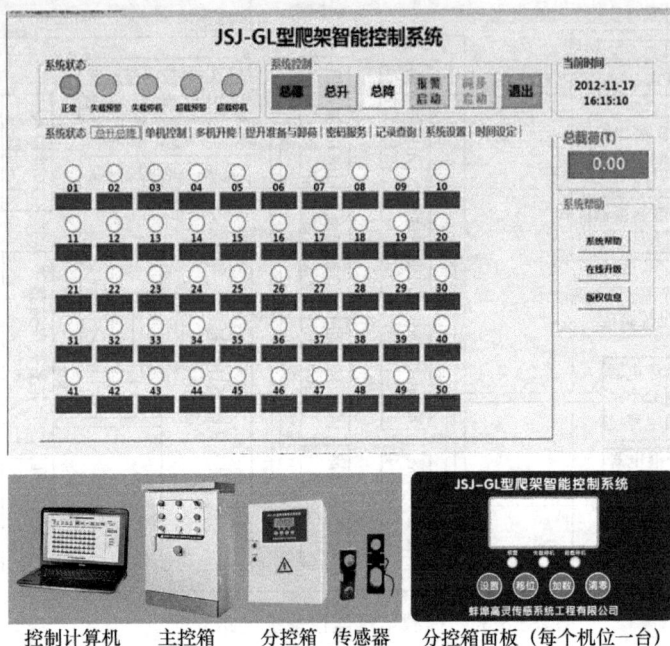

控制计算机　　主控箱　　分控箱　传感器　　分控箱面板（每个机位一台）

控制计算机面板（可整体显示也可以单机位显示）

图 8-33　荷载智能控制系统主要部件图

检查中使用辅助遥控器（只设一个停机按键），发现问题可及时停机（辅助遥控器不能进行升降操作）。

c. 手动控制：需要手动控制操作时，将主控箱面板上的旋钮开关转到手动挡，此时操作人员可通过主控箱面板上的上升、下降、停机按钮实现控制（相当于总操作台）。

6. 电气控制系统

附着式升降脚手架升降机构的动作比较简单，一般只有上、下两种工况（即正、反转）。因此，电气控制系统主要是控制升降机构的正、反转。

（1）基本动作要求

附着式升降脚手架电气控制系统应为三相四线制交流控制系

统，每台升降机构用一条电缆线接至总控制台，总控制台能控制多台（一般为30～40台）升降机构同步升降或单独升降。电气控制线路的工作原理图如图 8-34 所示。当控制柜中铁壳漏电开关扳至"合"位置时，送电线路接通。如需升降机构群同时上升或下降，可将各分动开关旋钮一齐扳至"上升"或"下降"位置，然后按下"总开"按钮，交流接触器线圈 C 通电，其主触点 C 吸合，放开按钮后，辅助触点 C 保持吸合，形成"自锁"并使交流接触器主触点 C 接通主回路，升降机构群则作同步上升或同步下降运行。如需停止升降，只需按下"总停"按钮使线圈 C 断电，主接触器 C 断开主回路，升降机构群停电中止升降。如

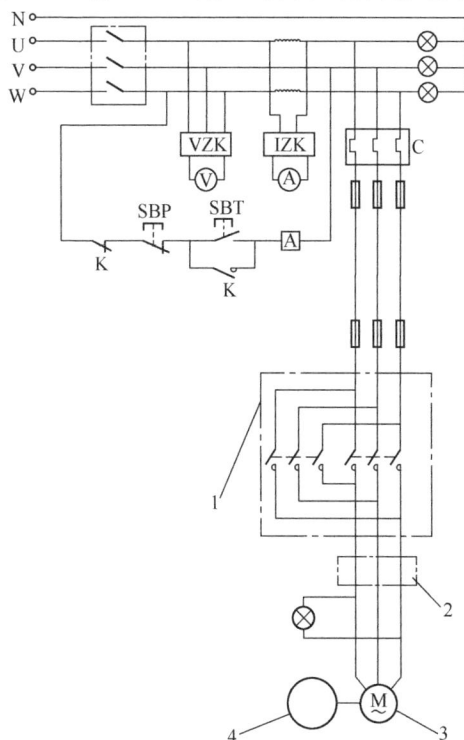

图 8-34 电气原理图

1—转换开关；2—缺相、错相保护器；3—电动机；4—升降机构

109

需一台或数台升降机构动作，则应先使各分动开关旋钮停留中位，然后按下"总开"按钮，使总电路送电，再扳动所需动作的分动开关扳键至"上升"或"下降"位置，即可完成所需的动作。

(2) 电气安全保护

电路中除设有漏电保护开关外，还应有起过流保护作用的总保险丝与分路保险丝，以保护各分电动机及总电路不致因过载电流而烧毁。各分路中还应装置缺相、错相保护器，当某分路缺相或错相时即会使该分机停止转动，以免因该分路缺相或错相烧坏电动机。电器柜外壳有漏电接地保护，其接地电阻应小于 4Ω。分电缆线的零线与电机壳体连接，当电动机漏电时形成保护回路。

(3) 电路显示

总电路中的电流强度可通过电流互感器在电流表中显示出来，总电路中的电压通过相压转换开关可在电压表上显示三相电源中任意两相的电压。

(4) 电器安装

电器柜中所有电线两端均应有编号，供安装维修时查找。在安装施工中，各升降机构的分电缆线从总控制台起，分顺时针和逆时针两个方向分布，并成束悬挂在架体外排杆内侧高处，应采取措施防止施工中损坏电缆线。在施工升降机和外附式塔机位置处，电缆线安装时应切断并用防水、防撞型接插件连接，以便在升降期间可拆绕，并复接通过施工升降机和塔式起重机附墙杆。

(5) 架体防雷

应根据外脚手架防雷技术要求的有关规定，在建筑物与架体之间连接有不少于两处的避雷接地线。

(6) 操作室及电器柜

电气柜操作面板上方应设有防护盖板，在施工期间可防撞击、风雨、日晒。电器柜门及操作室应有防雨、防风措施，并配有门锁，以防无关人员擅自进入和动用。

第三节 架体升降原理

从附着式升降脚手架的结构中可以看到，各种类型的升降脚手架均有两套（或两套以上）附着支承结构。一套（或一套以上）在架体固定状态时使用，另一套在架体提升状态时使用，几套附着支承结构均能独立承受架体荷载。附着式升降脚手架就是利用几套附着支承结构交替固定、轮流使用，并通过升降机构来实现架体升降。现列举两种典型的附着式升降脚手架，介绍其升降原理。

1. 吊拉式附着升降脚手架升降原理

吊拉式附着升降脚手架的升降原理，如图 8-35 所示。附着升降脚手架固定使用时，整个架体的垂直荷载由下拉杆传递到建

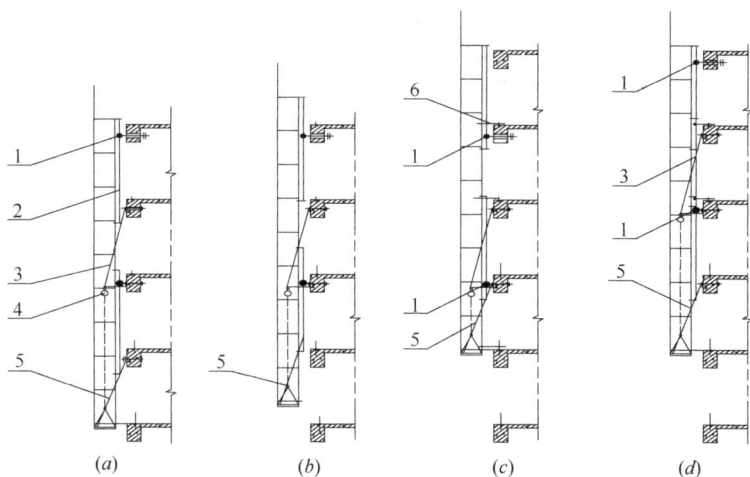

图 8-35　吊拉式附着升降脚手架提升工艺图

1—防倾覆导座；2—防倾覆导轨；3—上拉杆；4—升降机构；

5—下拉杆；6—连墙件

（a）使用中（准备提升）；（b）提升过程中；（c）提升到位

（安装连墙件）；（d）准备下次提升

筑物主体结构上［图 8-35（a）］。架体提升前，安装好升降机构和上下两道防倾覆导座，拆除架体临时拉结杆，拆除下拉杆与建筑物之间的连接，此时架体的荷载由升降钢梁及上拉杆传递至建筑物主体结构，启动升降机构，架体在上下两道防倾覆导座的限制下，沿建筑物外墙面升降［图 8-35（b）］。升降至预定位置后，安装好下拉杆及每层楼面的临时拉结杆，架体成为固定状态，架体的垂直荷载又转由下拉杆传递到建筑物［图 8-35（c）］。如需再升降一层，将升降机构、升降钢梁和上拉杆一起转移到下一层，并与建筑物主体结构安装连接［图 8-35（d）］。

重复以上的操作过程，即能实现架体随建筑物的施工不断升降。从图 8-35 中可以看出，吊拉式附着升降脚手架在升降过程中，提升点位于架体宽度的中心，因此，吊拉式附着升降脚手架的提升属于中心提升，升降过程中架体产生内外不平衡倾覆力矩较小。

2. 导座式附着升降脚手架升降原理

导座式升降脚手架是利用导轨和导座之间的连接和相对运动，实现架体的固定和升降，其升降原理如图 8-36 所示。图中升降脚手架的导轨固定在竖向主框架上，上、下导座固定在建筑物上。升降机构（电动环链葫芦）悬挂在架体内部，电动葫芦下钩头处固定的钢丝绳绕过架体底部的滑轮组连接到建筑物上的钢丝绳固定座。升降脚手架在使用状况下，架体的荷载由上、下导座处的固定销栓承受，并通过导座传递到建筑物结构上［图 8-36（a）］。架体提升前，拆除架体临时拉结杆以及固定销栓，启动升降机构，收紧电动葫芦链条，同时提拉钢丝绳，则架体连导轨一起提升一层楼的高度，升降状态下架体的荷载由升降机构、钢丝绳承受，并通过钢丝绳固定座及穿墙螺栓传递到建筑物上［图 8-36（b）］。架体升降到位后，安装好临时拉结杆及上、下固定销栓［图 8-36（c）］。向上（或下）转移导座及钢丝绳固定座［图 8-36（d）、（e）和（f）］，准备下一次升降。不断重复上述动作，架体就可以不断地升降。

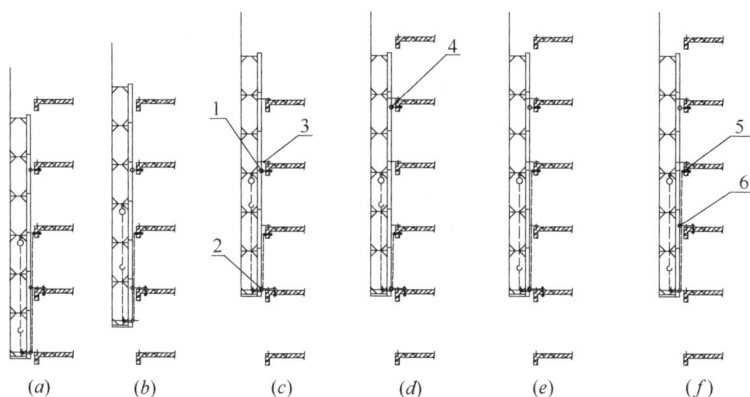

图 8-36　导座式附着升降脚手架升降原理图

1—上固定销轴；2—下固定销轴；3—临时拉结杆；4—上导座及固定销栓；

5—钢丝绳固定座；6—下导座及固定销栓；

（a）准备提升；（b）提升中；（c）提升到位；（d）移动上导座；

（e）移动钢丝绳固定座；（f）移动下导座

从图 8-36 可看到，导座式附着升降脚手架升降过程中，虽然提升机构位于架体中间，但提升架体的钢丝绳固定在架体内侧的建筑物上，仍属于偏心提升，升降过程中外倾力矩较大，且顶层混凝土浇筑时间较短，混凝土强度不能满足防倾覆上导座安装要求，上导座只能安装在第二层，造成升降过程中架体悬臂高度较大。

第九章　附着式升降脚手架安全操作技术要求

第一节　安装前的准备工作

1. 编制方案。在附着式升降脚手架安装前，应根据该附着式升降脚手架的特点，且结合该工程结构、施工条件及施工要求，编制附着升降脚手架专项施工方案，并按规定办理审批手续。专项施工方案应包括以下内容：

（1）工程特点及本工程附着式升降脚手架的主要技术参数。

（2）机位平面布置情况。

（3）针对本工程特殊部位采取的特殊技术措施。

（4）脚手架安全技术措施。

（5）安装、升降、拆除程序及安全措施。

（6）脚手架安全使用规定。

（7）工程结构受力部位的受力核算力及脚手架特殊结构的设计计算。

（8）施工应急救援预案，位移的监测监控措施等。

2. 人员配备。附着式升降系统的安装施工是技术性比较强的工作，应根据附着式升降脚手架专项施工方案的要求，配备合格的专业技术人员和专业施工队伍。

3. 安全技术交底。附着式升降脚手架搭设前，工程技术负责人或方案编制人员应当根据专项施工方案和有关规范、标准的要求，对现场管理人员、操作班组、作业人员进行安全技术交底，并履行签字手续，明确各岗位职责。安全技术交底的主要内容应包括：

（1）工程概况包括待建工程的层高、层数、建筑物总高度、建筑结构类型等，特别是建筑物平面外围结构的特殊性。

（2）附着升降脚手架的规格、型号，脚手架的搭设高度、宽度、步距、跨距以及机位布置、架体搭设的特殊要求等。

（3）施工现场人员、材料的准备情况。

（4）根据工程进度计划，详细介绍升降脚手架架体搭设的方法和程序、施工进度要求及各工种的配合情况。

（5）强调升降脚手架搭设质量标准、要求及安全技术措施。

4. 材料、工具准备。根据不同的附着式升降脚手架，准备好所用的材料构件、作业工具，如榔头、扳手、钳子、线垂、水平尺、卷尺、对讲机等。

5. 使用前的检查。附着式升降脚手架所用的各种材料、设备和工具使用前应对其进行检验，材料应具有材质单，设备和安全装置应具有出厂合格证。不合格产品严禁投入使用。

第二节 安装过程中的安全技术要求

1. 操作人员应严格按附着式升降脚手架专项施工方案的要求，完成架体的安装搭设。

2. 附着式升降脚手架首层安装搭设前设置的安装平台，应有保障施工人员安全操作的防护设施，且平台的承载能力及水平精度应满足架体安装搭设的要求。

3. 架体构架的搭设应做到横平竖直，竖向主框架、防倾覆导向装置及架体立杆的垂直度偏差不应大于5‰和60mm。相邻竖向主框架的高差不应大于20mm。

4. 架体构架采用扣件式脚手架搭设，其搭设要求应符合《建筑施工扣件式钢管脚手架安全技术规范》JGJ 130 的规定。

5. 架体的安装搭设应符合建筑物主体结构的施工进度要求，搭设高度不应超过在建施工层的一层高度。应随着架体的安装搭设逐层安装好附墙支座及临时拉结杆，保持架体的垂直度和稳定性。

6. 架体安装搭设过程中，每搭完一步架体应及时检查架体的立杆纵距、架体宽度、立杆的垂直度以及架体内侧离墙距离，并及时调整校正。

7. 按附着式升降脚手架专项施工方案的要求做好脚手架的安全防护，每一步的安全防护应随架体的安装搭设及时铺设，避免站在脚手架钢管上操作。

8. 附墙支座采用锚固螺栓与建筑结构连接时，受拉螺栓的螺母不得少于两个，或采用弹簧垫圈加单螺母，螺杆露出螺母端部不应少于 3 扣，并不得少于 10mm。垫板尺寸应根据设计确定，且不得小于 100mm×100mm×10mm。

9. 附着支承结构与建筑结构连接处混凝土的强度应按设计要求确定，且不得小于 C10。

10. 预留穿墙螺栓孔或预埋件应有效固定在建筑结构上，且垂直于结构外表面，其中心误差应小于 15mm。

11. 同一个升降脚手架中，同时使用的升降机构、安全装置以及同步控制系统应采用同一厂家生产的，同一种规格型号的产品。

12. 升降机构、安全装置和同步控制系统应工作正常，运行效果应符合设计要求。

13. 附着升降脚手架安装搭设期间，脚手架下方投影区向外5m 范围内应设置警戒区，严禁人员进入，并派专人守护。

第三节　附着式升降脚手架的升降要求

附着式升降脚手架在每次升降前，应按照"升降作业前检查验收表"的各项规定进行检查，经检查验收合格后，方可进行升降。升降前的准备工作主要检查以下项目：

1. 附着支承点处的工程结构混凝土强度应达到设计值的要求（不小于 C10）。

2. 升降工况下的附着支承装置安装质量符合设计规定，严禁少装附着装置连接螺栓和使用不合格螺栓。

3. 架体构架接点有否松动，螺栓是否拧紧。

4. 各项安全保护装置全部检验合格：防倾覆装置安装牢靠，导座间距符合规定，导轨垂直度符合要求；防坠落装置灵敏可靠。

5. 电源、电缆及控制柜等的设置符合施工现场用电安全的有关规定；控制柜与升降机构的连线正确；供电正常，控制有效；电缆线的长度满足升降一层的需要。

6. 升降机构工作正常，运转方向一致。

7. 同步控制系统的设置和试运行效果符合设计要求。

8. 各种安全防护设施齐备并符合设计要求。

9. 架体与墙体之间的障碍物全部清除，架体所有连墙杆全部拆除。

10. 各岗位施工人员已落实，责任到人。

11. 附着式升降脚手架在升降过程中的其他注意事项：

1）附着式升降脚手架的操作室应指定专人负责操作，禁止其他人员操作。

2）严格执行升降作业的程序规定和技术要求。

3）升降过程中架体上不得有施工荷载。

4）升降过程中，严禁操作人员停留在架体上。

5）严格按设计规定控制各提升点的同步性，相邻提升点间的高差不得大于 30mm，整体架最大升降差不得大于 80mm。

6）升降过程中应实行统一指挥、规范指令。升降指令只能由总指挥一人下达，但遇有异常情况出现时，任何人均可立即发出停止升降指令。

7）升降过程中，如某台升降机构损坏需拆下修理或更换，而此机位附着支承结构又无法安装，应采取安全可靠的措施，使该机位的荷载能直接传递到建筑结构上。

8）升降过程中，脚手架下方应设置安全警戒线，严禁有人进入，并设专人负责监护。

9）升降到位后，必须及时按使用工况要求进行附着固定。在没有完成架体固定工作前，施工人员不得擅自离岗或下班。

10）每次升降结束后，应按照"升降作业后检查验收表"的各项规定进行检查，经检查验收合格办理交接手续后，方可投入使用。

11）有下列情况应停止升降作业：

①遇大雨、大雪、大雾，或超过5级以上风力等影响安全作业的恶劣天气。夜间施工无良好的灯光照明，不得进行升降作业。

②升降机构出现漏电现象。

③钢丝绳磨损严重、扭曲、断股、打结或出槽。

④钢丝绳在卷筒上爬绳、乱绳、啃绳；多层缠绕时，各层间绳索互相塞挤。

⑤采用电动环链葫芦出现翻链、铰链和其他影响正常运行的故障。

⑥安全保护装置失效。

⑦各传动机构或附着支承结构出现异常现象和异常响声。

⑧竖向主框架或水平支承桁架部分发生变形。

⑨发生其他妨碍作业及影响安全的故障。

第四节　附着式升降脚手架的使用和拆除要求

附着式升降脚手架的使用必须遵守其设计性能指标，不得随意扩大使用范围。

1. 使用要求

（1）严禁超载使用架体。严禁堆放影响局部杆件安全的集中荷载（如钢管、钢模等过重物件）。

（2）及时清理架体上的建筑垃圾和杂物。

（3）不得利用架体吊运物料或在架体上推车。

（4）不得在脚手架上拉结吊装线缆（或缆索）。

（5）施工人员严禁拆除或松动架体上的任何结构件、连接件、电缆线或安全防护设施。

（6）塔式起重机在吊运物件时，应留有充分的高度，严禁碰撞或扯动架体。

（7）物料平台在使用中（包括平台的吊拉钢丝绳）不得与架体接触，且不得与架体同时升降。

（8）严禁非专职操作人员擅自进入电控操作台，随意操作升降机构。

（9）当附着式升降脚手架在工程上暂停使用超过 3 个月时，应提前采取加固措施。

（10）当附着式升降脚手架在工程上暂停使用超过 1 个月或遇 6 级及以上大风后复工时，应进行全面检查，确认合格后方能继续使用。

（11）附着式升降脚手架在使用过程中，应定期对升降机构、安全装置及架体进行检查和维护保养，发现隐患应立即整改并留存整改和检查维护保养记录。

（12）每完成一个工程，应当升降机构、安全装置、控制设备及架体和构配件进行一次全面维修和检查，必要时应送生产厂家检修。焊接件严重变形或严重锈蚀的应予以报废；穿墙螺栓与螺母在使用一个工程后严重变形、磨损或锈蚀的应予以报废；其余螺栓连接件在使用两个工程后严重变形、磨损或锈蚀的应予以报废；升降机构一般部件损坏后允许更换维修，但主要部件损坏后应予以报废；安全装置的关键部位有明显变形的应予以报废；其弹簧在使用一个工程后应予以更换。

2. 拆除要求

（1）拆除工作的特点

1）附着式升降脚手架拆除工作时间紧、任务重。拆除工作一般在主体工程完成之后进行，往往要求在很短时间内完成。架体安装是随着建筑结构施工逐层搭设，整个脚手架搭设完毕一般需要一个月左右时间，而架体拆除只能在几天内完成，这就要求拆除工作必须做到井井有条，安全有效。

2）多数附着式升降脚手架施工到建筑物顶层后，建筑物主体结构的外墙装饰施工不再使用附着式升降脚手架，架体必须在高空拆除，人、物坠落的可能性大。

3）附着式升降脚手架在搭设过程中，可利用塔式起重机等起重设备来运送架体构件和部分材料并协助搭设。而拆除架体时，起重设备一般已拆除退场，架体的拆除以及各种构件材料的运输，大部分要靠人工完成，拆除工作的难度和危险性大。

（2）拆除前的准备工作

1）制定方案。根据附着式升降脚手架专项施工方案，并结合拆除现场的实际情况，针对性地编制脚手架拆除方案，对人员组织、拆除步骤、安全技术措施提出详细要求。拆除方案必须经脚手架施工单位安全、技术主管部门审批后方可实施。

2）方案交底。由施工单位技术负责人和脚手架项目负责人对操作人员进行拆除工作安全技术交底。

3）清理现场。拆除工作开始前，应清理架体上堆放的材料、工具和杂物，清理拆除现场周围的障碍物。

4）人员组织。施工单位应组织足够的操作人员参加架体拆除工作。一般拆除附着升降脚手架需要 6～8 人配合操作，其中应有 1 名负责人指挥并监督检查安全操作规程的执行情况，架体上至少安排 5～6 人拆除，1 人负责拆除区域的安全警戒。

（3）拆除过程中的技术要点

1）升降脚手架的拆除工作必须按专项施工方案及安全操作规程的有关要求完成。

2）架体拆除顺序为先搭后拆，后搭先拆，严禁不按搭设程序拆除架体。

3）拆除架体各步时应一步一清，不得同时拆除 2 步以上的高差。每步上铺设的脚手板以及架体外侧的冲孔防护钢板网，应随架体逐层拆除，使操作人员有一个相对安全的操作条件。

4）架体上的附墙拉结杆应随架体逐层拆除，严禁同时拆除多层附墙拉结杆。

5）拆架使用的工具应用尼龙绳连系在安全带的腰带上，防止工具高空坠落。

6）各杆件或零部件拆除时，应用绳索捆扎牢固，缓慢放至地面或楼面，不得抛扔脚手架上的各种材料及工具。

7）附着式升降脚手架在建筑物顶层拆除时，应有保障拆架施工人员安全操作的防护措施。

8）拆除作业应在白天进行。遇大雨、大雪、浓雾、雷雨和5级以上大风等恶劣天气时，不得进行拆除作业。

9）拆除过程中，架体周围应设置警戒区并派专人监管，严禁非拆除人员进入施工区域。

10）拆除后架体及周转材料应堆放在防雨、防尘的地方，并堆放整齐。

11）架体的提升设备、防坠装置等材料拆下后，应放在库房内。

第十章 附着式升降脚手架施工管理要求

第一节 施工管理基本要求

1. 资质和档案管理要求

（1）附着式升降脚手架施工单位应具备相应资质证书及安全生产许可证。并在其资质证书范围和安全生产许可证有效期内，从事相关的施工活动。

（2）附着式升降脚手架鉴定或验收的证书。

（3）在进入施工现场时自检记录。

（4）各种材料、工具的质量合格证、材质单、测试报告；

（5）主要部件及提升机构的合格证。

（6）建立专项施工工程档案。档案内容应包括：

1）专项施工合同及安全协议书。

2）工程专项施工方案。

3）安全技术交底的有关资料。

4）专项施工工程自检验收资料。

5）安装检验报告。

2. 人员管理要求

（1）施工人员职责，见表10-1。

施工人员职责 表 10-1

职务	职责范围
项目生产经理	负责现场安装、升降作业、安全检查、现场人员调度、操作人员的培训等具体工作
技术员	负责施工过程中技术问题的处理

职务	职责范围
安全员	负责安全检查，现场安全警戒
班组负责人	负责具体现场工作安排，人员协调
架子工	负责支架搭设，提升机构的安装、调整，升降作业中观察同步性及监视各运动部件运转状况

（2）特种作业人员应取得建筑施工脚手架特种作业操作资格证书。其他相关施工人员应掌握相应的专业知识和技能，管理人员持有岗位证书。

（3）特种作业人员上岗应具备高空作业能力。必须服从管理人员的安排。遵守项目各项安全管理规定和制度。作业人员必须戴好安全帽，系好安全带，穿软底防滑鞋，做好个人安全防护工作。

（4）各项工作专人专职负责，所有人员应进行专门培训，熟悉升降脚手架的工作原理及安装操作规程，责任心强，工作严肃认真。

（5）班组长积极配合及协调总包单位的工作安排，合理分配工作。

3. 施工管理要求

（1）无论采用何种任务承包形式，都必须纳入施工总承包的管理之中，不得"以包代管"。

（2）严格执行管理规定，主动接受当地建设行政主管部门的安全生产监督检查并认真整改。

（3）建立健全附着升降脚手架施工的安全生产管理制度，依据施工准备阶段和施工阶段的安装、升降、使用与拆除等环节的管理侧重点，进行严格、深入和细致的管理，并做好施工记录。

（4）附着式升降脚手架的使用具有比较大的危险性，它不仅是一种单项施工技术，而且是形成定型化反复使用的工具或载人设备，所以应该有足够的安全保障，必须对使用和生产附着式升降脚手架的厂家和施工企业实行资格认证制度。

（5）根据《危险性较大的分部分项工程安全管理规定》（住建部令第37号）的要求，当附着式升降脚手架提升高度属于超过一定规模的危险性较大的分部分项工程范围的，其专项施工方案应组织专家论证，并严格按专项施工方案组织施工。

（6）架体的防雷、防火。附着式升降脚手架防雷接地可利用建筑物的防雷接地方式，接地电阻应小于4Ω。脚手架上使用的竹木脚手板，安全网和其他堆放在脚手架上的易燃品，极易引起火灾，因而要及时清理外架上堆放的易燃品，并在脚手架一定部位设置灭火器材。在脚手架上严禁吸烟。

（7）附着升降脚手架的施工管理侧重点，按施工阶段及其作业环节分别进行归纳详见表10-2和表10-3。

附着式升降脚手架工程在施工管理准备
阶段管理的侧重点

表10-2

序次	工作环境名称	施工管理的侧重点
1	施工方案确定和签订合同	1. 施工方案的比较和选择； 2. 使用产品的认证书和合同单位的资质认证书及其现状情况核实考查； 3. 合同（或协议）中确保质量和安全管理要求及其责任的条款
2	施工文件的制定	1. 附着式升降脚手架工程施工组织设计或施工安全技术措施； 2. 附着式脚手架的安装、升降和拆除作业的操作规程（规定或详细的说明书）； 3. 施管人员的责任制度； 4. 施工检测方案； 5. 安全教育资料
3	对施工管理人员进行技术交底、安全教育和操作培训	1. 技术交底； 2. 各级安全教育； 3. 工人的专业操作培训

序次	工作环境名称	施工管理的侧重点
4	脚手架设备进场	1. 按合同要求对其数量和质量进行全面检查和验收工作； 2. 现场的状况、存放和保管
5	施工检测工作准备	1. 施工检测的组织工作； 2. 检测方法和设备的到位安排

附着式升降脚手架在施工阶段管理的侧重点　　**表 10-3**

序次	工作环节名称	施工管理的侧重点
1	安装作业	1. 附着构造混凝土强度； 2. 预留或预埋件位置偏差检测及其处理措施； 3. 施工组织和指挥； 4. 安全措施； 5. 附着连接和构架质量； 6. 控制设备检查和升降试验； 7. 防坠装置试验； 8. 检查验收
2	升降作业	1. 架上人员（必须留在架上的）和荷载； 2. 施工组织和指挥； 3. 安全措施； 4. 上附着点处混凝土强度； 5. 提升设备和升降的控制系统检查； 6. 升降时所留附着支承的状况检查； 7. 提升设备和同步、控制； 8. 升降完毕后的附着固定质量
3	使用时间	1. 架上施工荷载控制； 2. 附着支承连接和架体构造连接检查； 3. 安全防护设施检查； 4. 防坠装置的检查和保护； 5. 恶劣天气到来前的处置措施

序次	工作环节名称	施工管理的侧重点
4	拆除作业	1. 施工组织和指挥; 2. 安全措施; 3. 运出现场和存放措施

第二节 检查与验收

1. 例行检查

附着式升降脚手架施工单位应每周组织管理人员对工地的教师节作一次全面检查。每月或在恶劣天气前后作全面检查,除进行规定的例行保养和检查外,还应设专职人员进行保养和检查,检查的重点是脚手架的垂直度,架体提升后的水平度,各部件型钢的挠度,附着装置的工作状态以及连墙件的状态等,发现隐患,及时消除。此外,例行保养和检查,自检和专业检查都要形成记录。

2. 安装后使用前的验收

附着式升降脚手架应在下列阶段进行验收或检验。

(1) 首次安装完毕;

(2) 提升或者下降之前;

(3) 提升、下降到位,投入使用前;

(4) 在使用、提升和下降阶段,均应对防坠、防倾覆装置进行检查。

3. 检查验收表

(1) 附着式升降脚手架首次安装完毕及使用前,应按表10-4的规定进行检查检验,合格后方可使用。

附着式升降脚手架首次安装完毕及使用前检查验收表　表 10-4

工程名称			结构形式	
建筑面积			机位布置情况	
总包单位			项目经理	
租赁单位			项目经理	
安拆单位			项目经理	

序号	检查项目		标准	检查结果
1	保证项目	竖向主框架	各杆件的轴线应汇交于节点处，并应采用螺栓或焊接连接，如不汇交于一点，应进行附加弯矩计算	
2			各节点应焊接或螺栓连接	
3			相邻竖向主框架的高差≤30mm	
4		水平支承桁架	桁架上、下弦应采用整根通长杆件或设置刚性接头；腹杆上、下弦连接采用焊接或螺栓连接	
5			桁架各杆件的轴线应相交于节点上，并宜采用节点板连接构造连接，节点板的厚度不得小于 6mm	
6		架体构造	空间几何不可变体系的稳定结构	
7		立杆支承位置	架体构架的立杆底端应放置在上弦节点各轴线的交汇处	
8		立杆间距	应符合现行行业标准《建筑施工扣件式钢管脚手架安全技术规范》JGJ 130 中小于等于 1.5m 的要求	
9		纵向水平杆的步距	应符合现行行业标准《建筑施工扣件式钢管脚手架安全技术规范》JGJ 130 中小于等于 1.8m 的要求	
10		剪刀撑设置	水平夹角应满足 45°～60°	
11		脚手板设置	架体底部铺设严密，与墙体无间隙，操作层脚手板应铺满、铺牢，孔洞直径小于 25mm	
12		扣件拧紧力矩	40～65N·m	

127

序号	检查项目		标准	检查结果
13		附墙支架	每个竖向主框架所覆盖的每一楼层处应设置一道附墙支架	
14			使用工况,应将竖向主框架固定于附墙支座上	
15			升降工况,附墙支座上应设有防倾、导向的结构装置	
16			附墙支座应采用锚固螺栓与建筑物连接,受拉螺栓的螺母不得少于两个或采用单螺母加弹簧垫圈	
17	保证项目		附墙支座支承在建筑物上连接处混凝土的强度应按设计要求确定,但不得小于 C10	
18		架体构造尺寸	架高≤5 倍层高	
19			架宽≤1.2m	
20			架体全高×支承跨度≤110m^2	
21			支承跨度直线型≤7m	
22			支承跨度折线或曲线型架体,相邻两主框架支撑点处的架体外侧距离≤5.4m	
23			水平悬挑长度不大于 2m,且不大于跨度的 1/2	
24			升降工况上端悬臂高度不大于 2/5 架体高度且不大于 6m	
25			水平悬挑端以竖向主框架为中心对称斜拉杆水平夹角≥45°	
26		防坠落装置	防坠落装置应设置在竖向主框架处并附着在建筑结构上	
27			每一升降点不得少于一个,在使用和升降工况下都能起作用	
28			防坠落装置与升降设备应分别独立固定在建筑结构上	
29			应具有防尘防污染的措施,并应灵敏可靠和运转自如	
30			钢吊杆式防坠落装置,钢吊杆规格应由计算确定,且不应小于 ϕ25mm	
31			防倾覆装置中应包括导轨和两个以上与导轨连接的可滑动的导向件	

序号	检查项目		标准	检查结果
32	保证项目	防倾覆设置情况	在防倾导向件的范围内应设置防倾覆导轨，且应与竖向主框架可靠连接	
33			在升降和使用两种工况下，最上和最下两个导向件之间的最小间距不得小于2.8m或架体高度的1/4	
34			应具有防止竖向主框架倾斜的功能	
35			应用螺栓与附墙支座连接，其装置与导轨之间的间隙应小于5mm	
36		同步装置设置情况	连续式水平支承桁架，应采用限制荷载自控系统	
37			简支静定水平支承桁架，应采用水平高差同步自控系统，若设备受限时可选择限制荷载自控系统	
38	一般项目	防护设施	密目式安全立网规格型号≥2000目/100cm^2，≥3kg/张	
39			防护栏杆高度为1.2m	
40			挡脚板高度为180mm	
41			架体底层脚手板铺设严密，与墙体无间隙	

检查结论				

检查人签字	总包单位	分包单位	租赁单位	安拆单位

符合要求，同意使用（　　　）

不符合要求，不同意使用（　　　）

总监理工程师（签字）　　　　　　　　　　　年　　月　　日

注：本表由施工单位填报，监理单位、施工单位、租赁单位、安拆单位各存一份。

（2）液压升降整体脚手架首次安装完毕及使用前，应按表10-5 的规定进行检查检验，合格后方可使用。

液压升降整体脚手架安装后使用前验收表　　表10-5

工程名称		结构形式	
建筑面积		机位布置情况	
总包单位		安拆单位	
监理单位		验收日期	

序号	检查项目	标准	检查结果
1★	相邻竖向主框架的高差	≤30mm	
2★	竖向主框架及导轨的垂直度偏差	≤0.5％且≤60mm	
3★	预埋穿墙螺栓孔或预埋件中心的误差	≤15mm	
4★	架体底部脚手板与墙体间隙	≤50mm	
5	节点板的厚度	≥6mm	
6	剪刀撑斜杆与地面的夹角	45°～60°	
7★	操作层脚手板应铺满、铺牢，孔洞直径	≤25mm	
8★	连接螺栓的拧紧扭力矩	40～65N·m	
9★	防松措施	双螺母	
10★	附着支承在建（构）筑物上连接处的混凝土强度	≥C10	
11	架体全高	≤5倍楼层高度	
12	架体宽度	≤1.2mm	

序号	检查项目	标准	检查结果
13	架体全高×支承跨度	≤110m²	
14	支承跨度直线型	≤8m	
15	支承跨度折线型或曲线型	≤5.4m	
16	水平悬挑长度	≤2m; 且≤1/2 跨度	
17	使用工况上端悬臂高度	≤2/5 架体高度; 且≤6m	
18	防坠落装置制动距离	≤80mm	
19★	在竖向主框架位置的最上附着支承和最下附着支承之间的间距	≥5.6m	
20	垫板尺寸	≥100mm×100mm ×10mm	
21★	防倾覆装置与导轨之间的间隙	≤8mm	
22	液压升降装置承受额定荷载48 小时	滑移量≤1mm	
23	液压升降装置施压 20MPa,保压 15min	无异常	
24	液压升降装置锁紧力,上、下锁紧油缸在 8MPa 压力承载工况下	锁紧不滑移	

序号	检查项目	标准	检查结果
25	承受荷载，液压系统失压36小时	载物不滑移	
26	额定工作压力下，保压30min，所有的管路接头	滴漏≤3滴油	
27	防护栏杆	在0.6m和1.2m两道	
28	挡脚板高度	≥180mm	
29	顶层防护栏杆高度	≥1.5m	

检查结论	

检查人签字	总包单位项目经理	安拆单位负责人	安全员	机械管理员

符合要求，同意使用（　　　）　　　　　　不符合要求，不同意使用（　　　）

总监理工程师（签字）

年　月　日

注：本表由安拆单位填报，总包单位、安拆单位、监理单位各存一份。

本表带★检查项目为每月检查内容

（3）附着式升降脚手架提升、下降作业前，应按表 10-6 进行检查验收，合格后方可使用。

附着式升降脚手架提升、下降作业前检查验收表　　表 10-6

工程名称			结构形式	
建筑面积			机位布置情况	
总包单位			项目经理	
租赁单位			项目经理	
安拆单位			项目经理	

序号	检查项目		标准	检查结果
1	保证项目	支承结构与工程结构连接处混凝土强度	达到专项方案计算值，且≥C10	
2		附墙支座设置情况	每个竖向主框架所覆盖的每一楼层处应设置一道附墙支座	
3			附墙支座上应设有完整的防坠、防倾、导向装置	
4		升降装置设置情况	单跨升降式可采用手动葫芦；整体升降式应采用电动葫芦或液压设备；应启动灵敏，运转可靠，旋转方向正确；控制柜工作正常，功能齐备	
5		防坠落装置设置情况	防坠落装置应设置在竖向主框架处并附着在建筑结构上	
6			每一升降点不得少于一个，在使用和升降工况下都能起作用	
7			防坠落装置与升降设备应分别独立固定在建筑结构上	
8			应具有防尘防污染的措施，并应灵敏可靠和运转自如	

序号	检查项目	标准	检查结果
9	防坠落装置设置情况	设置方法及部位正确，灵敏可靠，不应人为失效和减少	
10		钢吊杆式防坠落装置，钢吊杆规格应由计算确定，且不应小于φ25mm	
11	防倾覆装置设置情况	防倾覆装置中应包括导轨和两个以上与导轨连接的可滑动的导向件	
12		在防倾导向件的范围内应设置防倾覆导轨，且应与竖向主框架可靠连接	
13	防倾覆设置情况	在升降和使用两种工况下，最上和最下两个导向件之间的最小间距不得小于2.8m或架体高度的1/4	
14	建筑物的障碍物清除情况	无障碍物阻碍外架的正常滑升	
15	架体构架上的连墙杆	应全部拆除	
16	塔式起重机或施工电梯附墙装置	符合专项施工方案规定	
17	专项施工方案	符合专项施工方案规定	

134

序号	检查项目		标准	检查结果
18	一般项目	操作人员	经过安全技术交底并持证上岗	
19		运行指挥人员、通信设备	人员已到位，设备工作正常	
20		监督检查人员	总包单位和监理单位人员已到场	
21		电缆线路、开关箱	符合现行行业标准《施工现场临时用电安全技术规范》JGJ 46 中的对线路负荷的计算要求；设置专用的开关箱	
检查结论				

检查人签字	总包单位	分包单位	租赁单位	安拆单位

符合要求，同意使用（　　　）

不符合要求，不同意使用（　　　）

总监理工程师（签字）　　　　　　　　　年　　月　　日

注：本表由施工单位填报，监理单位、施工单位、租赁单位、安拆单位各存一份。

（4）液压式升降脚手架提升、下降作业前，应按表 10-7 进行检查验收，合格后方可使用。

4. 安装质量检验检测

根据江苏省《建筑工程施工机械安装质量检验规程》DGJ 32/J65 的规定，附着式升降脚手架经安装单位自检合格后，还应当经具有施工机械安装质量检验资质的机构，进行安装质量的检验检测，检验检测合格后方可投入使用。